beck'sche reihe

AF859241

bsr

Die Urzeit begann mit dem Urknall. Mit der Frage nach dieser von der überwiegenden Mehrzahl der Wissenschaftler akzeptierten Theorie beginnen die Autoren aber nicht ihr Buch, sondern lassen es damit enden. Sie schreiten also im Aufbau dieses Bandes zeitlich zurück – vom Bekannteren zum Unbekannten –, um so das Verständnis für die Rätsel und Wunder längst vergangener Epochen unserer Erdgeschichte zu erleichtern. Sie fragen unter anderem nach dem Tempo, in dem sich die Erde verändert, nach den Spuren älterer Lebensformen, aus denen wir ihre Geschichte lesen können, nach Nilpferden im Rhein, nach dem Verwandtschaftsgrad zwischen den Neandertalern und den heutigen Menschen, nach der «Erfindung des Feuers», nach dem Grund, weshalb wir alle Afrikaner sind, nach dem Aussterben der Dinosaurier in der Kreidezeit, nach den Meeresungeheuern im Devon, nach dem Übergang des Lebens vom Meer auf das Land und nach der Entstehung des Lebens überhaupt. So weisen sie durch aufeinander aufbauende Fragen und allgemeinverständliche Antworten einen Weg durch einen für unser Vorstellungsvermögen kaum zu erfassenden Zeitraum.

Friedemann Schrenk ist Professor für Paläobiologie der Wirbeltiere an der Universität Frankfurt/Main und leitet die Paläoanthropologische Abteilung des Senckenberg Museums. *Stephanie Müller* ist Redakteurin und freie Mitarbeiterin von Friedemann Schrenk.

Von diesen Autoren sind im Verlag C. H. Beck lieferbar: *Adams Eltern. Expeditionen in die Welt der Frühmenschen* (gemeinsam mit Timothy G. Bromage, 2002); *Die Frühzeit des Menschen* (bsr 2058, [4]2003); *Die Neandertaler* (bsr 2373, 2005).

Friedemann Schrenk/Stephanie Müller

Die 101 wichtigsten Fragen

Urzeit

Unter Mitarbeit von
Daniela Szymanski

Illustrationen von
Michael Horn

Verlag C. H. Beck

Die 29 Abbildungen im Text,
© Michael Horn

Originalausgabe

Satz: Fotosatz Reinhard Amann, Aichstetten
Druck und Bindung: Druckerei C. H. Beck, Nördlingen
Umschlagmotiv: Bison, Felszeichnung in Altamira, Spanien,
Alter ca. 13 000 Jahre

Umschlaggestaltung: + malsy, Willich
Printed in Germany
ISBN-10: 3 406 54741 9
ISBN-13: 978 3 406 54741 6

www.beck.de

Inhalt

KAMBRIUM (vor 542 bis 488 Millionen Jahren vor heute): Die Entfaltung des Lebens auf der Erde

PROTEROZOIKUM (vor 2500 bis 542 Millionen Jahren vor heute): Sauerstoff entsteht

ARCHAIKUM (vor ca. 3800 bis ca. 2500 Millionen Jahren vor heute): Der Beginn des Lebens

KATARCHAIKUM (vor ca. 4600 bis ca. 3800 Millionen Jahren vor heute): Kontinente ohne Leben

?

VOR DER URZEIT

Vorwort

«Wer, wie, was? Der, die, das? Wieso, weshalb, warum? Wer nicht fragt bleibt dumm». Die 14 Wörter aus dem Sesamstraßenlied, das jedes Kind kennt, berühren in prägnanter Weise eine Eigenschaft, die nur uns Menschen auszeichnet: Neugier. Neugier auf Ereignisse, die in der Zukunft liegen. Neugier auf Themen, die uns heute umtreiben, und Neugier auf die Klärung von Rätseln aus der Vergangenheit. Warum beschäftigen sich also ein Paläoanthropologe und eine Journalistin mit insgesamt 101 Fragen zum Thema Urzeit? So könnte eigentlich die erste Frage unseres Buches lauten. Auch uns treibt die Neugier an – die Neugier auf das, was noch kommen mag und auf das, was in 4,6 Milliarden Jahren Erdgeschichte alles passiert ist. Uns beschäftigt die Frage, warum wir als Menschen des 21. Jahrhunderts, hin und her gerissen zwischen Informationen aus dem Internet, den Satellitennavigationssystemen und dem digitalen Fernsehen, die staubige Urzeit bemühen, um Leserinnen und Leser wie Sie anzusprechen. Vielleicht sind Sie daran interessiert ihr Schulwissen über die Eiszeiten in Europa aufzufrischen. Vielleicht aber lesen Sie dieses Buch auch mit einer eigenen Fragestellung, wie beispielsweise der, ob wir aus dem Massensterben der Kreidezeit etwas lernen können. Mit solchen spekulativen Fragen wird die Beschäftigung mit der Urzeit zu einer Art Denkspiel, einem Spiel, bei dem alle Gedanken zunächst zugelassen sind. Welche dann jedoch als überzeugende Argumente taugen, ergibt sich aus ihrer logischen Abwägung im Vergleich mit anderen Gedanken und bereits bestehenden Argumenten. Diese Modellbildung um das Phänomen Urzeit ist eine Annäherung an den Zustand innerer Logik und Geschlossenheit der jeweiligen Hypothese unter den von uns festgelegten Vorbedingungen. Daher basiert die Erforschung der Urzeit zum einen stark auf einer vorhandenen Theorie, zum anderen ist sie abhängig von der Empirie und Statistik, denn Fossilien und historische Relikte müssen erst gefunden, gezählt und beschrieben werden, bevor sie als Zeugnisse der Interpretationskunst von Wissenschaftlern zur Verfügung stehen. Und daher gibt es noch einen ganz banalen Grund, warum sich Menschen wie wir mit der Urgeschichte beschäftigen: Weil es ganz einfach Spaß macht, Reste früheren Lebens zu entdecken. Reste, die noch kein anderer Mensch zuvor gesehen hat. Mit dem Wissen um deren Vergangenheit ist es uns möglich, Fenster zu öffnen in eine Zeit, die wir weder durch stumpfes Auswendiglernen von Fakten, noch durch ausgiebige Internetrecherche erschließen können.

Warum beginnt dieses Buch - vielleicht entgegen Ihren Erwartungen - in der Zukunft und endet beim Urknall, der am Anfang des Universums stand? Die Vielfalt der heutigen Welt kann nur verstehen, wer die Ursprünge und die urzeitlichen Wurzeln dieser Vielfalt erkennt. Durch ein langsames Rückschreiten in der Geschichte der Evolution können wir an uns heute Bekanntem anknüpfen und uns die älteren, zunehmend fremder anmutenden Phasen der Erd- und Lebensgeschichte erschließen. Die Abstraktion dieser Daten, unsere Kreativität und unsere Neugier befähigen uns als einzige Wesen einer 4,6 Milliarden Jahre andauernden Entwicklung auf der Erde dazu, Fragen zu stellen: 101 Fragen zur Urzeit. Diese Fragen wären jedoch nie gestellt worden, wenn wir nicht die Hilfe von Menschen hätten in Anspruch nehmen können, die von der Urzeit in genau dem Maße fasziniert sind, wie wir es sind: Dank geht deshalb an unseren Lektor, Dr. Stefan von der Lahr, dessen Idee es war, der Urzeit einen Platz in der Reihe der 101 Fragen einzuräumen; Daniela Szymanski für ihre unbändige Lust am Recherchieren und Zusammentragen von Daten und Fakten, die dieses Buch zu einem aktuellen Kompendium der Urzeit werden ließ; Michael Horn gebührt höchster Dank und Anerkennung für die lebendigen Illustrationen, Dr. Ralf Breyer von der Johann Wolfgang Goethe Universität, Frankfurt, Prof. Dr. Thomas Martin und Dr. Ottmar Kullmer vom Forschungsinstitut Senckenberg, Frankfurt, und Dr. Oliver Sandrock vom Hessischen Landesmuseum Darmstadt für ihr Engagement, sich als Erstleser des Werkes zur Verfügung zu stellen und last but not least geht ein herzliches Dankeschön an Dr. Christoph Anthoni für die Bereitstellung der Schreibwerkstatt für die *101 wichtigsten Fragen – Urzeit.*

Stephanie Müller & Friedemann Schrenk, im Sommer 2006

Abb. 1 So wird sie aussehen, die Welt in circa 187 Millionen Jahren. Während Süd- und Nordamerika sich trennen werden, verschmelzen Australien, Asien und Europa zu einem neuen Superkontinent. Der Kreis symbolisiert die Lage des heutigen Frankfurt/Main, wo dieses Buch entstanden ist.

ZUKUNFT: Was lernen wir aus dem Gestern?

1. Warum lernen wir aus der Urzeit für die Zukunft? Unsere Erde hat im Laufe ihrer Entwicklung viele Veränderungen erfahren – Veränderungen, deren Ausmaß wir erst heute erkennen und deren Gesetzmäßigkeiten wir anwenden, um so bessere Entscheidungen für die Zukunft treffen zu können. Extreme Klimaschwankungen und Katastrophen sind – zumindest in vielen Bereichen – vorhersehbar. Eine Vielzahl von Experimenten, die Ökologen und Klimaforscher gerne durchführen würden, haben in der Natur unzählige Male stattgefunden – nur waren wir eben nie dabei: Extreme Kohlendioxidanteile in der Atmosphäre, und Treibhauseffekte in der Kreidezeit, die zu Höchstständen der Meere führten, sollten uns eine Warnung dafür sein, daß Naturkatastrophen nicht abwendbar sind. Nicht erneuerbare Ressourcen wie der fossile Brennstoff Kohle können uns vor Augen führen, wie abhängig wir von den begrenzten Vorräten sind, die uns die Urzeit hinterlassen hat, und wie selten und rar die Bedingungen für die Entstehungen großer Lagerstätten fossiler Brennstoffe sind. Bakterien lösten vor circa

2 Milliarden Jahren die erste Klimakatastrophe aus: Ihre photosynthetische Aktivität führte zu einem negativen Einfluß auf die Atmosphäre und lehrt uns, daß Lebewesen jederzeit Katastrophen auslösen können. Dies gilt in besonderem Maß für uns Menschen, wenn wir die Mechanismen der Natur und der Geschichte nicht verstehen lernen. In der Zukunftsplanung dieses Planeten nimmt Homo sapiens, der moderne Mensch, eine wichtige Rolle ein: Rotteten unsere Vorfahren Tiere aus, deren Überreste wir heute nur noch als Skelette in Museen sehen, sollte uns bewußt werden, daß es auch heute noch Tiere gibt, die sinnlos gejagt und ausgerottet werden - Wale, die gigantischen Säuger der Meere, gehören dazu. Unsere Vorlieben, mit Katzen und Hunden leben zu wollen, helfen uns nicht dabei, die Artenvielfalt der Fauna zu retten; die Einführung von vormals nicht heimischen Tierarten in funktionierende Ökosysteme spiegelt in Südamerika und Australien die extremen Auswirkungen unseres Willens wider - einheimische Tierarten starben infolge solcher verantwortungsloser Akte des Menschen aus. Der Exitus vieler Tierarten im Laufe der Jahrmillionen zeigt, wie wichtig die Vielfalt für das Überleben ist: Je breiter das Portfolio an Lebensstrategien, um so höher ist die Wahrscheinlichkeit, daß es nach einer Katastrophe Überlebende geben wird, die unter neuen, veränderten Bedingungen ein neues Leben anfangen können. Als *Homo sapiens*, der von einer kleinen Population in Afrika abstammt, sollte uns bewußt sein, daß es keine «überlegene» Rasse gibt, denn wir Menschen sind alle gleich; des weiteren zeigt uns das Teilen unserer Erde mit allen Lebewesen, daß wir - ebenso wie Vögel, Säugetiere und Reptilien auch - von der Umwelt abhängig sind. Ein wesentlicher Unterschied zwischen uns und den Bakterien, die vor 2 Milliarden Jahren die erste Klimakatastrophe verursacht haben, besteht darin, daß wir unser Handeln überdenken und ändern können.

2. Weshalb verändert sich die Erde? Der Glaube an den festen Boden unter unseren Füßen trügt. Denn unsere Erdoberfläche besteht aus vielen einzelnen Platten, die sich auf dem zähflüssigen Untergrund des oberen Erdmantels bewegen. Die Lage und Verteilung der Kontinente war deshalb zu jeder Zeit in der Geschichte der Erde eine andere. Die Antarktis lag nicht immer am Südpol und es gab sogar eine Zeit, in der sie Pflanzen und Tieren eine Lebenswelt bot. Die weltweite Verbreitung der Dinosaurier und einiger Pflanzen wie der Glossopteris-Farn zeigt, daß die Kontinente sogar einmal alle miteinander verbunden waren. Blickt man auf die Weltkarte, so erkennt man noch Reste dieses Superkontinents, den wir Pangäa nennen: Die Westküste Afrikas und die Ostküste Südamerikas passen wie zwei Puzzlestücke aneinander. Der Meteorologe und Grönlandforscher Alfred Wegener kam 1912 als erster auf die Idee, daß sich Erdplatten bewegen. Der Unglaube und das Mißtrauen gegenüber Wegeners These war groß: Erst in den 50er Jahren des letzten Jahrhunderts, 20 Jahre nach Wegeners Tod, entdeckte man, daß Magma aus der Tiefe des Mittelozeanischen Rückens hervorquillt, sich verfestigt und neuen Ozeanboden bildet, der wiederum Erdplatten auseinander schob. Solche Spreizungszonen müssen aber nicht zwangsläufig unter Wasser verlaufen. Entlang des Ostafrikanischen Grabenbruches spaltet sich mit einer Geschwindigkeit von mehreren Zentimetern pro Jahr Afrika langsam in zwei Teile. Erdbeben, Gebirgsbildung und Vulkanismus kann man allesamt mit den Bewegungen der Erdplatten, der Theorie der Plattentektonik erklären. Sie erklärt auch, warum Erdbewegungen und Vulkanismus Vorteile haben können – beide Phänomene beeinflussen in mehrfacher Hinsicht die Lebenswelt: Durch die Neubildung isolierter geographischer Regionen können neue Arten entstehen und auch die ausgestoßene Lava bildet neues Land, das fruchtbar sein und besiedelt werden kann. Heute kann man die Wanderungen der Erdplatten sogar für die Zukunft voraussagen – in etwa 250 Millionen Jahren könnte es wieder einen Superkontinent geben, der alle bisherigen Kontinente vereint.

3. Wie schnell wandelt sich die Erde? Erdgeschichtliche Zeiträume, die Millionen bis Milliarden von Jahren umfassen, sind für uns Menschen nicht wirklich vorstellbar. Unfaßbar sind letztlich auch zeitliche Begriffe wie «schnell» oder «langsam». Ein Geologe empfindet beispielsweise die sich in Jahrhunderttausenden vollziehende Gebirgsbildung der Rwenzori-Berge in Uganda als schnell, während ein Gymnasiast ein paar Stunden erforderlicher Lektüre von Lessings «Emilia Galotti» als unendlich lange empfinden mag. Bedenkt man, daß eine Generation mit 25 Jahren bemessen wird, fällt es sogar schon schwer, das Leben vor vier Generationen – das sind gerade einmal 100 Jahre – nachzuvollziehen. Zu schnell ändern sich Kulturen, Moden, Technologien. Prozesse wie das Leben haben eine Richtung und sind nicht mehr umkehrbar. Das wissen wir. Um die erdgeschichtliche Zeit meßbar zu machen, bedienen wir uns vieler

Hilfsmittel: Kalender, Uhren, Allegorien oder Vergleiche. Es sei dahingestellt, inwieweit Mark Twain mit seiner Aussage Recht hat: «Wenn man einen Arm von sich streckt und dieser die Geschichte des Lebens repräsentiert, dann könnte man mit dem Strich einer Nagelpfeile am Mittelfinger die gesamte Geschichte der Menschheit auslöschen.» Doch stellt uns dieses Zitat vor eines der Grundprobleme unserer Existenz, nämlich wie wir Geschichte erleben; Geschichte als Summe von Prozessen, die sich vor 100 Jahren, 1000 Jahren oder 10 Millionen Jahren vollzogen haben. Es sollte uns bewußt sein, daß sich unsere Erde mit jedem Moment, den wir erleben, ändert. Auch wenn wir die Veränderungen in der Regel nicht fühlen, ja nicht einmal mit bloßem Auge erkennen können, so verschieben sich doch Erdplatten, ändern Fixsterne ihre Position und entstehen neue Tierarten.

Eine einzige urzeitliche Welt gab es nicht. Über Hunderte von Millionen von Jahren veränderten sich die physische Umwelt und die Lebewesen, die sie beherbergte. Schätzungsweise höchstens 0,001 % (1 Tausendstel Prozent) der ehemaligen Lebewesen ist bislang überhaupt durch fossile Reste bekannt geworden. Die Evolution aller Organismen beruht auf dem Zusammenspiel von den ererbten Eigenschaften, der physischen Umwelt und der biotischen Umwelt. Organismen, deren Konstruktionseigenschaften sich evolutionär langsamer verändern als die Umwelt in der sie leben, sterben aus. Dieser natürliche Prozess wird vor allem aber auch vom Menschen durch die Vernichtung von Lebensräumen beschleunigt. Die Abholzung des tropischen Regenwaldes führt zur unwiderbringlichen Zerstörung von Habitaten und hat alljährlich das Aussterben Tausender von Tier- und Pflanzen-Arten zur Folge.

4. Wie verändern sich Lebewesen? Noch bevor wir geboren werden, beginnen wir einen Prozeß, der erst mit unserem Tod endet - wir verändern uns. Aus einer Zelle wird ein vollständiger Körper, der geboren wird und dann altert. Diesen Vorgang - von der Zeugung bis zum Tod eines Individuums - bezeichnet man als Ontogenese, die Entstehung des Seins. Daß sich Individuen verändern, beobachten wir tagtäglich, doch wie sieht es mit Tierarten oder gar übergeordneten Gruppen aus? Bereits 50 Jahre vor Darwins wegweisendem Werk «Die Entstehung der Arten» äußerte 1809 Jean-Baptiste Chevalier de Lamarck die Vermutung, daß die Organe von Lebewesen, die in ihrer Umwelt häufig gebraucht würden, sich neu bilden; die anderen verkümmern. Die durch stete Anwendung gewachsenen Organe, so seine Meinung, würden dann an die Nachkommenschaft weitervererbt und sich im Laufe der Zeit in die Körperbaupläne der Lebewesen von selbst einbauen. Diesen Vorgang nannte Lamarck Transformation. Zwar ist die Vererbung erworbener Eigenschaften mit den heutigen Kenntnissen der Genetik widerlegt, doch wie sieht es mit Veränderungen aus? Werden diese weitergegeben? Kinder von Menschen sehen ähnlich aus wie ihre Eltern – sie bilden eine Merkmalskombination aus Mutter und Vater und anderen Verwandten. Während der Bildung der Geschlechtszellen kann es auch zu Mutationen kommen, also zu Veränderungen des Erbguts. Zahlreiche Mutationen sind für das betroffene Individuum allerdings schädlich. Mutationen und die Neukombination von genetischer Information bei der Befruchtung sind dafür verantwortlich, daß die Nachkommen nie genetisch identisch sind mit den Eltern. Die so entstehende Vielfalt von Angehörigen ein und derselben Art bezeichnet man als Variation. Bei Menschen variiert beispielsweise die Körpergröße; die führt im Ergebnis mal zu großen Menschen wie dem Basketballspieler Michael Jordan oder zu kleinen wie der Schauspielerin Brigitte Mira. Genau solche Variationen beobachtete auch Charles Darwin. Er wunderte sich, wie aus solch vergleichsweise geringen Abweichungen große Veränderungen hervorgehen können. Beim Lesen eines Artikels des Ökonomen Adam Smith, der behauptete, daß Lebewesen überschüssige Nachkommen dadurch wegrationalisieren, daß nur die Stärksten überlebten, ging Darwin ein Licht auf: Nicht die Stärksten, sondern jene, die in ihrer Umwelt und mit ihrer Merkmalskombination einen Vorteil erzielen, haben mehr Nachkommen als andere und vererbten diese günstigen Anlagen. Er nannte diesen Vorgang Selektion. Mutation, Variation und Selektion von Lebewesen rufen im Laufe vieler Generationen größere Veränderungen hervor: Heute bezeichnen wir diesen Prozeß als Evolution.

HOLOZÄN (vor 11 800 Jahren bis heute): Die Wahrnehmung von Geschichte

5. Warum beschäftigen sich Menschen mit der Urzeit? ... weil sie die einzigen Kreaturen auf der Erde sind, die sich über ihre eigene Geschichte Gedanken machen können. Nur Menschen wissen, daß es einmal eine menschenlose Zeit gab. Das zeichnet sie vor allen anderen Lebewesen aus, hebt sie ab, macht sie einzigartig. Zusammen mit der Erkenntnis, daß jedes Individuum sterben muß, sind dies die beiden wichtigsten Erkenntnisse im Leben eines Menschen überhaupt. Als Menschen wollen wir wissen, wie alles begann, wo alles herkommt, was wir heute sehen und ob es einen Gott gibt. Letztlich sind alle diese Fragen unbeantwortet geblieben, manche wurden auch bislang nicht mit der nötigen Präzision gestellt. Es scheint, daß unsere heutige «Informationstechnologie» nicht das Ergebnis unseres technischen Fortschritts, sondern in Wirklichkeit schon die Voraussetzung der Menschwerdung im Rahmen eines Evolutionsgeschehens war. Wenn wir uns damit im Rahmen einer umfassenden biologischen Betrachtungsweise der Erd- und Lebensgeschichte beschäftigen, müssen wir die verschlungenen Pfade der Evolution nachvollziehen. Dabei interessieren uns nicht nur der Mechanismus der Weitergabe und der Verarbeitung von Information, sondern auch die Funktion und die Konstruktion der Lebewesen in ihrer jeweiligen Umwelt. Eine Triebfeder dieses Interesses ist die Neugier, die andere die Furcht davor, nicht wichtiger als ein Staubkorn zu sein. Unser Wissen um die eigenen Wurzeln in der Natur zählt zu den besonders charakteristischen Qualitäten des modernen *Homo sapiens*. Die Kulturfähigkeit der Gattung *Homo* reicht dabei weit in den Stammbaum der Primaten hinunter. Die biokulturelle Evolution, die Erfindung der Steinwerkzeuge vor 2,5 Millionen Jahren, führte Millionen Jahre später zur Erfindung der Naturwissenschaften. Diese beschäftigen sich zwar mit der Natur, sind aber, wie jede andere Wissenschaft auch, ein Produkt der Kultur. Nur durch unsere Kultur vermögen wir ein Fossil als ehemaliges Lebewesen zu deuten. Durch die Entwicklung der Natur-, Geistes- und Kulturwissenschaften lernte der Mensch seine Umwelt und sich selbst besser kennen. Die Vergangenheit ist dabei der Schlüssel zum Verständnis der Gegenwart, da unser natürliches und kulturel-

Abb. 2 Geschichtsträchtige Grabung: Im Staat New York wurde 1799 das erste Skelett eines amerikanischen Mastodons gefunden. Der Künstler Charles William Peale, nach dessen Gemälde diese Abbildung entstand, kaufte die Skelettreste für 300 $. Nach seinem Tod boten seine Söhne das Mastodon in London und Paris zum Kauf an. Schließlich erwarb es Johann Jakob Kaupp aus Darmstadt. Bis heute ist dieses erste systematisch ausgegrabene fossile Skelett im Hessischen Landesmuseum Darmstadt ausgestellt.

les Erbe auf historischen Vorbedingungen aufbaut. Ein Verstehen der heutigen Vielfalt des Lebens wäre nicht ohne den historischen Zusammenhang möglich, der diese Vielfalt im Laufe von Hunderten von Millionen Jahren geschaffen hat.

6. Welche Wissenschaften erforschen die Urzeit? Viele! Denn um die Urzeit rekonstruieren zu können, braucht es Experten, die fachübergreifend zusammenarbeiten, um die zahlreichen offenen Fragen vom Urknall bis zur Erfindung des ersten Steinwerkzeuges zu beantworten. Die Königsdisziplin für die Erforschung der Erdgeschichte ist die Geologie. Sie beschäftigt sich mit der Entstehung der Erde, ihrem Aufbau und den Kräften, die ihre Gestalt geformt haben und verändern. Die unterschiedlichen Fragestellungen innerhalb dieser Wissenschaft erfordern es, daß sich einzelne Unterdisziplinen mit Einzelphänomenen beschäftigen. So erforschen Sedimentologen, wie sich Schichten ablagern; sie können Aufschluß darüber geben, ob Gesteine vormals ruhig am Meeresgrund lagen oder in einem tosenden Fluß transportiert wurden. Tektoniker beforschen die Bewegungen der Erdplatten und die daraus resultierenden Naturphänomene wie Vulkanismus, Erdbeben oder Gebirgsbildung. Die Mineralogen erfahren durch die Untersuchung der Struktur von Mineralien, unter welchen Bedingungen sich das Mineral gebildet hat und welchen Außeneinwirkungen es ausgesetzt war, und erfahren dadurch etwas über die damals herrschenden Druck- und Temperaturbedingungen. Die Paläontologie, die Lehre vom alten Leben, beschäftigt sich indes mit den fossilen Lebensspuren der Vorzeit; ihre Fachvertreter rekonstruieren aus solchen Fossilien die Umwelt, in der Tiere und Menschen einst lebten. Für die einzelnen Gruppen von Organismen gibt es zumeist Spezialisten: Untersucht der eine wirbellose Tiere wie Schnecken oder Graptolithen, so ist ein anderer auf die Erforschung früher Säugetiere oder gar auf fossile Pollen fokussiert. Taphonomen beschäftigen sich mit den Prozessen, die ein totes Lebewesen vor der Einbettung und der eventuellen Erhaltung als Fossil durchläuft, während Paläoklimatologen die klimatischen Veränderungen in der Erdgeschichte genauer unter die Lupe nehmen.

Eine klassische Altertumswissenschaft hingegen ist die Archäologie. Die Schliemanns und Carters unter den Wissenschaftlern graben jedoch nicht nur ganze Städte und Grabanlagen aus, sie beschäftigen sich auch zum Teil mit Splittern von Artefakten wie Geröll- und

Faustkeilwerkzeugen oder Farbresten. Archäozoologen und Archäobotaniker wiederum erforschen die domestizierten und wirtschaftlich genutzten Tiere und Pflanzen unserer Vorfahren. Die Reihe der Wissenschaften, die sich mit der Urzeit beschäftigen, ließe sich noch fortsetzen. Allen Disziplinen gleich ist jedoch ihre Basis: Kenntnisse in Biologie, Chemie und Physik sind die drei unabdingbaren Voraussetzungen zur Erforschung unserer Urzeit. Auch Wissenschaften, die auf den ersten Blick nichts mit der Urzeit zu tun haben, sind bei ihrer Erforschung gefragt: Planetologen erforschen die Nachbarplaneten der Erde und können uns so mögliche Modelle für die Rekonstruktion der Urerde liefern; ebenso können Ingenieure und Mediziner über Aufbau und Statik von Knochen Auskunft geben oder die Leistungsfähigkeit von Flugsaurierflügeln einschätzen.

7. Welche Überreste haben wir aus der Urzeit? Wir sind umgeben von Relikten aus der Urzeit: Gesteine, Fossilien, Artefakte - von unseren Vorfahren geschaffene oder bearbeitete Gegenstände - erzählen uns Geschichten, die Wissenschaftler deuten. Gesteine sind Gegenstand geologischer Forschungen. Da Steine andauernd transportiert werden - vom Berg hinunter als Geröll, in Flüssen zermahlen zu Kies und Sand, der abgelagert Sedimente bilden kann und Reste von Organismen einschließt -, ist es schwierig, Steine aus der Zeit der Erdentstehung sicherzustellen. Trotzdem kommt es vor, daß Sedimente untersucht werden können, die unter großem Druck zu Sedimentgestein und durch aufsteigendes Tiefengestein nach oben gepreßt wurden und daher heute eine Erhebung bilden. Ebenfalls von Interesse für Geologen sind Metamorphite - Umwandlungsgesteine, die dadurch entstanden, daß sich die Struktur von Sedimentgestein durch höhere Temperaturen und Drücke verändert hat. Metamorphite können im Erdinneren zu flüssigem Magma aufgeschmolzen werden, das bei einem Vulkanausbruch freigesetzt wird oder langsam aufsteigt und das Tiefengestein Plutonit bildet, das wiederum Gebirge bilden kann. Damit beginnt dieser immerwährende Kreislauf der Gesteine wieder von neuem. Wissenschaftler gehen davon aus, daß der Mond und die Meteoriten eine Zusammensetzung wie die ältesten Gesteine der Erde haben. Auch wenn in derartigen Gesteinen keine Fossilien erhalten sind, so verraten die unterschiedlichen Gesteinstypen, welchen Ereignissen sie unterworfen waren. So erlauben riesige Felsbrocken, die fern von Bergketten in der Landschaft liegen, Rückschlüsse darauf, bis wohin einst die Gletscher der Eiszeit reichten, die sie transportiert haben. Einfacher wird es mit der Interpretation von Fossilien. Das Wort Fossil leitet sich vom Lateinischen «fodere» (ausgraben) ab und bezeichnet versteinerte Überreste von ehemaligen Lebewesen, die man ausgegraben (fossilis) hat und die älter als 10 000 Jahre sind. Die Lehre von der Fossilwerdung nennt man Taphonomie. Sie bezeichnet den Vorgang vom Tod eines Tieres über die Einbettung des Kadavers und seinen Einschluß sowie die Verfestigung in Sedimentschichten. In den Schichten werden entweder die Knochen des Lebewesens ummineralisiert oder sie hinterlassen eine Hohlform, in die wiederum Mineralien hineinwachsen können. Besonders gute Erhaltungsmöglichkeiten haben Zähne, Knochen, Schalen, Panzer, hartschalige Eier, Abdrücke von Haut, Federn und Haare. Sie fossilisieren in feinkörnigen Sedimentschichten wie beispielsweise ehemaligen See- oder Meeresböden, die nur wenige Erdbewegungen erfahren und frei von Sauerstoffzufuhr sind. Nahrungsgewohnheiten und Verhalten urzeitlicher Tiere können an Koprolithen – versteinertem Kot – und Spurenfossilien wie beispielsweise Fußabdrücken abgelesen werden. Von Menschen hergestellte Zeugen aus der Urzeit bezeichnet man als Artefakte. Sie sind Forschungsgegenstand der Archäologie. Artefakte umfassen alle Gegenstände, die künstlich erschaffen wurden – Gebrauchsgegenstände und Schmuck, Werkzeuge oder Waffen. Ihr geologisches Alter ist verglichen mit Fossilien gering: Erst vor 2,6 Millionen Jahren wurden Steinwerkzeuge und damit Artefakte überhaupt erst erfunden.

8. Wie können wir aus der Jetztzeit die Urzeit rekonstruieren? Mit Hilfe der Paläontologie und der Paläobiologie: Die Vertreter dieser Wissenschaften von den fossilen Lebewesen untersuchen die Faktoren und Prozesse der Entstehung des Lebens in ihrem räumlichen und zeitlich-historischen Zusammenhang. Unser heutiges wissenschaftliches Weltbild geht von der Gültigkeit der Evolutionstheorie aus. Weil sich aus den Ergebnissen dieser Forschungen oft nur Einzelelemente – wenn auch meist gut begründete – für den Ablauf eines komplexen Evolutionsgeschehens ergeben, dürfen wir in diesen Zusammenhängen keine Aussagen im Sinne eines Richtig-Falsch-Schemas erwarten, sondern vielmehr Hypothesen, die im günstigsten Falle wahrscheinlicher sein können als andere. Hypothesen zu historischen Vorgängen sind immer im weitesten Sinne Rekonstruktionen. Je nachdem, wer sich wann, wo und wie daran versucht, unterscheiden sich die Resultate erheblich: Das jeweilige wissenschaftliche und kulturelle Weltbild des Rekonstrukteurs, manchmal auch ideologische und religiöse Parameter bestimmen das Ergebnis. Interpretationen können sich entsprechend der Veränderung der zugrunde liegenden Weltbilder ebenfalls durchaus ändern. Sie waren mithin vorher nicht «falsch» und sind hinterher auch nur «wahrscheinlicher».

Fossilien sind jener Teil der belebten Natur, der Bestandteil der unbelebten Natur geworden ist. Die Form der überlieferten Reste ist kein Zufallsprodukt, sondern spiegelt bestimmte Funktionen des ehemals lebenden Organismus wider. Form und Funktion sind in der Natur untrennbar miteinander verknüpft. Da der Bauplan von Organismen jedoch meist mehrere Funktionen ermöglicht, kann durch deren Analyse nur die Grenze des konstruktiv Möglichen aufgezeigt werden. Anatomische Merkmale fossiler Funde aus der Urzeit werden mit denen heutiger Lebewesen verglichen und auf diese Weise interpretierbar. Zwei im vorletzten Jahrhundert formulierte Prinzipien der Paläontologie liegen dabei als notwendige gedankliche Hilfsmittel allen Hypothesen im Kontext von paläontologischen Rekonstruktionen zugrunde: 1) Das Aktualismus-Prinzip besagt, daß physikalische und chemische Gesetzmäßigkeiten, beispielsweise die Schwerkraft, durch alle Zeiten Gültigkeit besitzen. 2) Das Korrelationsprinzip unterstellt die weitgehende, jedoch nicht automatische Vergleichbarkeit heutiger und historischer Prozesse. Aufgrund dieser Vorannahme oder Prämisse ist es beispielsweise möglich, auch aus kleinsten fragmentarischen Resten – etwa aus dem Aufbau des Zahnschmelzes – auf Ernährungsgewohnheiten zu schließen. Ebenso erlaubt die Konstruktion eines Beckens oder der Bau des Oberschenkels Rückschlüsse auf die Art der Fortbewegung.

Als Hilfsmittel zur Klassifizierung von Organismen dient die biologische Systematik. Voraussetzungen hierfür sind die Beschreibung und Abgrenzung biologischer Arten. Im Idealfall wird eine Art dabei durch charakteristische, zum Beispiel anatomische Merkmale definiert, die dann mit entsprechenden Merkmalen einer anderen Art verglichen werden können. Die phylogenetische Systematik wertet diese Merkmale als entweder «ursprünglich» oder «spezialisiert» in Bezug auf andere systematische Gruppen und erhellt dadurch die komplizierten Verwandtschaftsbeziehungen zwischen Gattungen und

Familien oder die Aufspaltung von Arten. Hierbei wird allerdings der Faktor Zeit, zweifellos eine Grundvoraussetzung für die Evolution, nur als relative Größe berücksichtigt.

9. Wie lange dauerte die Urzeit? Elementare Fragen wie diese hatten schon früh Theologen, Philosophen und Naturwissenschaftler dazu angeregt, bei der Altersbestimmung der Erde ganz besondere Ideen zugrunde zu legen. So schätzte man die Erde im Jahr 1650 auf ein Alter von 6000 Jahren – ein Bischof hatte diesen Wert errechnet, indem er die Lebensalter biblischer Figuren aufaddierte. Ein erster durchaus wissenschaftlich anmutender Versuch hingegen gelang Georges-Louis Leclerc de Buffon im 18. Jahrhundert: Er vermutete den Ursprung der Erde in einer geschmolzenen Masse. Als Beobachtungsobjekt für seine Hypothese wählte er Kanonenkugeln aus Eisen, die er beim Abkühlen beobachtete. Die so gewonnenen Werte ließen ihn vermuten, daß die Erde 75 000 Jahre alt sei. Auf ein Alter von 2 Milliarden Jahren kam dagegen Buffons Zeitgenosse Benoit de Maillet. Er näherte sich der Frage, indem er abzuschätzen versuchte, wie lange Berge brauchen, um aus dem Meer herausragen zu können. Neben dem Geologen Charles Lyell, einem Kollegen Charles Darwins, nahm sich William Thomson, der später Lord Kelvin heißen sollte, des Problems an. Er folgte dem Ansatz Buffons und nahm an, daß die Erde einst aus einer heißen flüssigen Masse bestanden haben mußte. Als Ausgangstemperatur nahm er die der Sonne an und rechnete mit einem konstanten Wert für die Abkühlung, die er aus dem Unterschied abgestrahlter Wärme an der Erdoberfläche und aus der in der Tiefe von Bergwerken ermittelte; dabei kam er auf ein Alter von 100 Millionen Jahren. 1907 wurde durch den amerikanischen Chemiker und Physiker Bertram Borden Boltwood die Zerfallsrate – und mithin die Umwandlung – von Uran in Blei bekannt. Je mehr Blei ein Stein enthält, um so älter ist er. Durch das Vorantreiben der Untersuchung der Halbwertszeit, also der Zeit, nach der nur noch die Hälfte des Ausgangsstoffes vorhanden ist, fand die radiometrische Altersbestimmung ihre wissenschaftliche Akzeptanz. Das Alter der Erde konnte damit erstmals auf den heute noch gültigen Wert von 4,6 Milliarden Jahren bestimmt werden. Je nach vermutetem Alter bestimmt man heute noch fossilführende Schichten nach bestimmten Zerfallszeiten – Kalium zerfällt zu Argon und deckt damit den Zeitraum bis zu 750 Millionen Jahren ab, das Alter jüngerer Erdschichten wird mit

Hilfe des Isotops Kohlenstoff 14 (s. u., Frage 10) und entsprechender Meßvorgänge ermittelt. Geologische Zeiten, ebenso wie geologische Veränderungen der Erdoberfläche sind für das menschliche Bewußtsein nicht faßbar. Diese Diskrepanz des für einen Menschen Nachempfindbaren und des technisch Meßbaren führt oft zu Vorbehalten gegenüber geologischen Zeittafeln, die Hunderte Millionen von Jahren zurückreichen. In einem einheitlichen wissenschaftlichen evolutionären Weltbild sind sie jedoch nicht nur hilfreich, sondern ein ordnender Faktor ersten Ranges.

10. Wie werden die Phasen der Urzeit eingeteilt und datiert? Ohne die genauen Altersangaben zu kennen, teilte man die Erdzeitalter schon früh auf einer Zeitskala ein. Die Dreiteilung in das noch unbelebte Archaikum, das Proterozoikum, das erstes Leben hervorbrachte, und das Phanerozoikum, dem Zeitalter des sichtbaren Lebens ist mittlerweile überholt. Die Äonen wurden nach und nach in Ären unterschieden: Das Phanerozoikum wurde in das *Paläozoikum*, das *Mesozoikum* und das *Neozoikum* (Erdaltertum, Erdmittelalter und Neuzeit) eingeteilt und zum Leidwesen vieler Geologiestudenten wurden diese Abschnitte nochmals in Perioden eingeteilt und mit verwegenen Namenskreationen versehen: Herangezogen wurden oftmals die lateinischen Namen keltischer Stämme, die jeweils in den Gebieten, in denen bestimmte Gesteine vorkamen, gelebt hatten (Silurer, Ordovices). Das Kambrium ist übrigens nach dem lateinischen Namen für Wales, Cumbria, benannt.

Im *Katarchaikum* (4600 -3800 Millionen Jahre) entstand die Erde. Die ältesten Gesteine der Erdkruste sind weit über 3,5 Milliarden Jahre alt. Erstes Leben entsteht im *Archaikum* (3800 -2500 Millionen Jahre) und die ältesten Tiere gibt es im *Proterozoikum* (2500 -542 Millionen Jahre). Seit dem *Kambrium* (542- 488 Millionen Jahre), dem ältesten Abschnitts des Erdaltertums (*Paläozoikum*), sind erhaltungsfähige Hartteile von Lebewesen bekannt - die ersten Fossilien. Landorganismen entstehen im *Ordovizium* (488- 444 Millionen Jahre), erste Amphibien im *Silur* (444- 416 Millionen Jahre) und im *Devon* (416 -359 Millionen Jahre), erste Reptilien im *Karbon* (359 -299 Millionen Jahre). Der Ursprung der Säugetiere reicht bis ins *Perm* (299 -251 Millionen Jahre) zurück. Im Erdmittelalter (*Mesozoikum*) mit den Abschnitten *Trias* (251-200 Millionen Jahre), *Jura* (200 -146 Millionen Jahre) und *Kreide* (146 - 65,5 Millionen Jahre) werden die

Dinosaurier die beherrschenden Landlebewesen. Die Erdneuzeit (*Neozoikum*) beginnt vor ca. 65 Millionen Jahren mit dem *Palaeogen* (65,5–23 Millionen Jahre), in dem sich die Säugetiere stark entfalten, gefolgt vom *Neogen* (24 Millionen Jahre bis heute); jetzt entstehen die ersten Vor- und Urmenschen. Im *Pleistozän* (ab 1,8 Millionen Jahre) verstärkt sich die kulturelle Evolution des Menschen, die gegen Ende des *Holozän* (seit 11 800 Jahren) zur Etablierung vielfältiger Urzeitwissenschaften führte.

Die exakte Bestimmung des geologischen Alters (absolute Datierung) beruht darauf, daß radioaktive Isotope, die in kleinen Mengen in allen Stoffen neben den normalen Isotopen vorhanden sind, mit konstanten Raten zerfallen, unabhängig von Feuchtigkeit, Temperatur, Säuregehalt oder anderen äußeren Faktoren. Zur Bestimmung des Alters organischer Stoffe stützt man sich auf die Messung des Kohlenstoffisotops 14 C, das alle Lebewesen aufnehmen. Wegen der geringen Halbwertszeit – jenem Zeitabschnitt, in dem die Hälfte eines radioaktiven Isotops durch seinen Zerfall verschwindet – können Funde, die älter als ca. 50 000 Jahre sind, allerdings nicht mit 14 C datiert (zeitlich eingeordnet) werden. In der Paläobiologie kommt daher dem Isotop Kalium 40 mit einer Halbwertszeit von ca. 1,3 Milliarden Jahren eine besondere Bedeutung zu. Da es nicht in Knochen, sondern in vulkanischen Produkten vorkommt, können damit zwar nicht die Funde selbst, wohl aber die in der Fundstelle darunter- und darüberliegenden Gesteinslagen vulkanischen Ursprungs datiert werden. Steht datierungsfähiges Material nicht zur Verfügung, werden relative Datierungsmethoden angewandt. Eine solche Datierungsmethode ist beispielsweise die Faunendatierung, also die Altersbestimmung aufgrund des Vorkommens von Resten fossiler Tiere. Sie kommt dann in Betracht, wenn Fossilien gefunden werden, die einer sich evolutionär rasch verändernden Tiergruppe angehören, die zudem eine große geographische Verbreitung hat. Mit diesen sogenannten Leitfossilien, die für bestimmte Zeitabschnitte der Erdgeschichte und entsprechende Gesteinsschichten charakteristisch sind, in denen sie gefunden werden, sind relative Datierungen möglich. Diese Korrelation funktioniert aber nur dann, wenn man solche Fossilien wenigstens irgendwo auf der Welt einmal mit absoluten Altersdaten verknüpfen konnte. Eine global anwendbare Datierungsmethode ist die Messung der magnetischen Polarität der in vielen Sedimenten enthaltenen Eisenpartikel. Ihre Richtungseinregelung entspricht der Ausrichtung des Erdmagnetfeldes zur Zeit der Sedimentablagerung. Da dieses im Laufe der Erdgeschichte häufig wechselte, konnte eine Magnetostratigraphie erarbeitet werden, die weltweit dieselben charakteristischen Zyklen aufweist. Eine örtliche Magnetostratigraphie paßt mit hoher Wahrscheinlichkeit nur in einen spezifischen Abschnitt der weltweiten Skala, hält die magnetische Ausrichtung zu einem ganz bestimmten Zeitpunkt der Erdgeschichte fest und kann so zur Eingrenzung des Alters der untersuchten Schichten verwendet werden.

11. Warum haben Menschen und nicht die Natur das Rad erfunden? Die Weitergabe und die Verarbeitung von Information ist notwendige Voraussetzung jeden Evolutionsgeschehens. In der biologischen Evolution wird die Information über die Gene von Generation zu Generation weitergegeben. In der kulturellen Evolution geschieht dies letztlich über die Sprache, von Mensch zu Mensch. Dieser Informationstransport ist wesentlich schneller und führt mit zunehmender Bevölkerungsdichte zu immer stärkerer, rasch ansteigender kultureller Veränderung. Mit der kulturellen Evolution und der Erfindung des ersten Steinwerkzeugs vor 2,5 Millionen Jahren begann auch die Entwicklung der Technik und die externe Informationsspeicherung. Der Weg zum *Homo sapiens* ist bis heute durch ein vielfältiges Beziehungsgeflecht unterschiedlich vernetzter Faktoren geprägt. Auch die in den Jahrmillionen der Frühzeit des Menschen erfolgten Veränderungen unterlagen im Verlauf der biologischen und kulturellen Evolution dem Einfluß verschiedener, sich gegenseitig bedingender und manchmal rückkoppelnder Faktoren. Die Entwicklung des Menschen verlief weder zielgerichtet noch zeitlich in allen Merkmalen synchron. Fast alle Evolutionsmerkmale des Menschen sind in irgendeiner Form schon bei seinen Primaten-Vorgängern angelegt. Während die Faktoren der biologischen Evolution langsam an Bedeutung abnehmen, steigt die Zahl der Entwicklungsfortschritte bei der kulturellen Evolution stetig an. Erst beim *Homo sapiens* beginnt sich ein Überlappungs- und Synergie-Effekt unterschiedlicher Faktoren biologischer und kultureller Evolution auszuwirken. Erst dadurch und mit gleichzeitiger Erhöhung der sozialen Organisation wird eine neue Qualität des Lebens im Tierreich erreicht. Jetzt erst kann schließlich entstehen, was oft als Charakteristikum des Menschen angesehen wird: menschliche Kognition (Erkenntnisfähigkeit) und Bewußtsein. Diese Fähigkeiten unterscheiden sich aus zwei Hauptgründen von den Regeln der Natur. Erstens ist eine zunehmende Distanz zwischen einem Problem und seiner jeweiligen Lösung möglich. Während in der biologischen Evolution die Grenzen der biologischen Konstruktion recht strikt eingehalten werden müssen, da der Organismus sonst ausstirbt, kann die Variabilität in der kulturellen Evolution sehr viel größer sein. Eine direkte Reaktion auf kulturelle Veränderungen ist nicht unbedingt lebensnotwendig. In der kulturellen Evolution entstanden damit Freiräume für die Erfindung von kreativen Lösungen, wie beispielsweise der Erfindung des Rades. In der Technik kennzeichnet die Kombination aus funktionalen Systemen eine Maschine. Anders als Maschinen müssen Organismen jedoch wachsen und sich fortpflanzen, ohne daß dabei Funktionsstörungen auftreten. Das reibungslose Zusammenwirken aller Funktionsgefüge eines Organismus muß zu jedem Zeitpunkt des Lebens gewährleistet sein. Dies gilt nicht nur während des Wachstums eines Individuums von der befruchteten Eizelle bis zum Tod (Ontogenese), sondern auch in der Stammesgeschichte (Evolution), die als Aneinanderreihung vieler Ontogenesen aufzufassen ist. Daher ist davon auszugehen, daß in der Geschichte der Organismen keine Sprünge auftraten. Die biologische evolutionäre Entwicklung ist daher der kontinuierliche Wandel funktionierender biologischer Konstruktionen. In der kulturellen evolutionären Entwicklung hingegen können Einzelteilen aus ursprünglichen Konstruktionen zur Grundlage für neue Erfindungen genommen werden - es sind also Sprünge möglich.

PLEISTOZÄN (vor 1,8 Millionen bis 11 800 Jahren vor heute): Ein extremes Klima beherrscht die Welt, der Mensch erfindet die Kultur

12. Wie sah die Erde im Pleistozän aus? Das Pleistozän ist in der nördlichen Hemisphäre das Alter der Eiszeiten. Der mehrfache Wechsel von Kalt- und Warmzeiten resultierte wahrscheinlich daraus, daß mit der Antarktis, mit Nordamerika und Nordeuropa große Landmassen in der Nähe der Pole lagen. Dadurch wurde eine Änderung der Sonneneinstrahlung durch Schwankungen der Erdbahn um die Sonne hervorgerufen, wie sie vom serbischen Astrophysiker Milutin Milanković berechnet wurden. Tatsächlich fallen einige der nach ihm benannten Milanković-Zyklen – Klimaveränderungen, die im Abstand von 100 000, 41 000 und 20 000 Jahren auftreten und sich überlagern – mit großen Vereisungen während des Pleistozän zusammen. Eine weitere Ursache könnte die Gebirgsbildung von Alpen und Himalaja gewesen sein, deren weiße Gipfel mehr Sonnenlicht reflektierten (Albedo-Effekt) und die Region in Minusgrade versetzte. Doch damit nicht genug der Spekulation: Andere Hypothesen sehen die Bildung der Landbrücke von Panama als möglichen Grund für den klimatischen Wechsel. Dadurch nämlich wurde der warme Golfstrom gen Norden umgelenkt, was zum Anstieg der Luftfeuchtigkeit in den nördlichen Gebieten führte; Schneefälle und die vermehrte Bildung von Inlandeis folgten. In Europa gab es insgesamt nur zwei Vereisungsgebiete: die Region von den Alpen bis zu den Pyrenäen sowie Nordeuropa. Die Berggipfel boten nach wie vor Zufluchtsorte für Tiere und Pflanzen, die auf dem Eis nicht leben konnten. In den Warmzeiten bildeten die Täler Rückzugsorte für Fauna und Flora. Im Gebiet der Beringstraße lag ein weiteres Rückzugsgebiet. Dieses Gebiet, die sogenannte Beringia, bot während der Vereisungsphasen, als der Meeresspiegel absank, eine Landbrücke zwischen Asien und Nordamerika. Kleine Säuger und vielleicht sogar die ersten Menschen konnten so Amerika erreichen. Die ursprüngliche Beringia umfaßt heute Teile Sibiriens und Alaskas – Gebiete, die in unserer aktuellen Warmzeit immer noch als unwirtlich gelten. Beringia war die Heimat des amerikanischen Wollhaar-Mastodons (ein Rüsseltier), der Bisons und Säbelzahnkatzen. Heute sind in Beringia etwa dreiviertel des Süßwassers im Gletschereis gebunden und das meiste davon in der Eiskappe der Antarktis. Heutige Gletscher, so schätzt man, enthalten rund 25 Millionen Kubikkilometer Eis. Forscher gehen davon aus, daß dieses Volumen während des Pleistozäns um das Dreifache erhöht war. Eisschelfe (Meereis), Eisberge und Packeis dürften ungefähr die Hälfte der Weltmeere bedeckt haben. Doch es hätte noch unwirtlicher werden können in den Kaltzeiten des Pleistozäns: Da die Antarktis bereits damals ein isolierter Kontinent war, konnte sich das Eis von dort aus nicht ganz so stark auf andere Kontinente ausbreiten. Trotzdem kam es selbst im Süden Afrikas, Südamerikas und in Ostaustralien zu einer Ansammlung von Schnee- und Eismassen. Australien war zu diesem Zeitpunkt recht grün. Das gesamte Landesinnere war von einem See bedeckt, der für ein feuchtes Klima sorgte. Aufgrund des niedrigen Meeresspiegels durch das gebundene Eis hatte Australien damals direkten Kontakt mit Tasmanien und Neuguinea. Japan war vom asiatischen Festland aus via Landbrücke zu erreichen. Afrika blieb in seinem Klima recht konstant und erlebte daher keine so großen Veränderungen in Flora und Fauna wie Europa und Nordamerika.

13. Wann kommt die nächste Eiszeit? Wenn wir heute davon ausgehen, daß wir in einer Warmzeit leben, dann bedeutet dies, daß uns bald eine nächste Kaltzeit bevorsteht. In der Erdgeschichte gab es viele Eiszeiten, aber uns beschäftigt vor allem die letzte Eiszeit, die vor rund 2,5 Millionen Jahren begann und das gesamte Zeitalter des Pleistozäns umfaßte. Die Bezeichnung «Eiszeit» sollte man allerdings nicht im eigentlichen Wortsinn verstehen – Kälteperioden und Warmzeiten folgten im steten Wechsel aufeinander. In Deutschland wurden die Kaltzeiten ursprünglich nach Flüssen des Alpenvorlandes benannt; sie markieren die Grenzen, bis zu denen sich die Gletscher einst vorgeschoben haben. So gibt es die Günz-, Mindel-, Riss- und Würmkaltzeit; im Nordosten Deutschlands wird zwischen der Menap-, Elster-, Saale- und Weichselzeit unterschieden. Die Zwischeneiszeiten im nördlichen Mitteleuropa bezeichnet man als Cromer-, Holstein- und Eemzeit. Glaziale – das sind Kaltzeiten mit wachsendem Inlandeis – dauerten in der Regel ca. 100 000 Jahre, während Warmzeiten mit schrumpfendem Inlandeis, sogenannte Interglaziale, dagegen nur ca. 10 000 Jahre andauerten. Das Ende des letzten Glazials liegt bereits 10 000 Jahre zurück. Allerdings erlebten die Menschengenerationen zwischen 1500 und 1850 eine kurze Zeit der Abkühlung, die daher auch als «kleine Eiszeit» bekannt ist. Ihren Höhepunkt, besser ihr Temperaturminimum, erreichte die kleine Eiszeit um das Jahr 1700. Die lang anhaltenden Winter und die kühlen Sommer in Neuengland und Skandinavien führten dort zu Ernteausfällen und infolgedessen zu verheerenden Hungersnöten. 1815 verursachte der Ausbruch des Vulkans Tambora auf der indonesischen Sunda-Insel Sumbawa möglicherweise eine deutliche Abkühlung: 1816 wurde als «Jahr ohne Sommer» bezeichnet; es folgten Mißernten in Irland, in den Nordstaaten der USA, und selbst im Juni gab es noch frostige Temperaturen. Weltweit sank die Temperatur allerdings nur um nur 1 Grad Celsius! Seit etwa 1938 befanden wir uns in einem Aufwärtstrend – die Temperaturkurve fällt jedoch ab –, wenn wir die schädlichen Effekte der von uns zu verantwortenden Erderwärmung unberücksichtigt lassen. Die Frage stellt sich, ob wir uns womöglich auf eine neue kleine Eiszeit zubewegen. Ursachen für eine erneute Kaltzeit im heutigen Holozän können in einer veränderten Sonneneinstrahlung oder in wechselnden Meeresströmungen begründet liegen. Kühle Frühlinge, in denen Eis auf den Bergspitzen liegen bleibt und so Wärme reflektieren kann, führen ebenfalls zu einer weiteren Abkühlung. Dadurch bildet sich mehr Eis, die Wärmerückstrahlung (Albedo-Effekt) nimmt zu und die Temperaturen sinken. Um dieses Szenario nicht weiter zu verstärken, sollten menschliche Einflüsse auf das Klima möglichst gering gehalten werden. Doch haben wir Menschen es verstanden, das Weltklima in kürzester Zeit nachhaltig durcheinanderzubringen. Selbst unsere derzeitige Zwischeneiszeit ist eigentlich nur ein etwas wärmerer Abschnitt einer andauernden Eiszeit. Immerhin sind noch 10 Prozent aller Landflächen mit Eis bedeckt. Würde das gesamte Inlandeis allerdings abtauen, so würde der Meeresspiegel um 60 Meter ansteigen, was zu einer drastischen Überflutung der Küstengebiete weltweit führen würde. Auch wenn sich Eiszeiten für uns als nachteilig, kalt und unwirtlich darstellen, so sind sie doch für die umgebenden Flora und Fauna von Vorteil: Sie bilden neue Süßwasserseen, lösen Wanderungsbewegungen aus und zerteilen Lebensräume, so daß neue Arten entstehen können.

14. Wie heiß war die Eiszeit? Die Eiszeiten wurden nicht nur von zu- oder abnehmenden Temperaturen dominiert, sondern auch von trockenem und feuchtem Klima. Zunehmende Trockenheit kennzeichnete vor allem die Kaltzeiten. Die trockene Luft beeinflußte die Vegetation: Während der Vereisungsphasen stießen die Gletscher nach Süden bis auf die Höhe von Hamburg vor, und die typische Tundra-Vegetation verschob sich nach Süden bis auf die Breite des heutigen Paris. Diese Nord-Süd-Verschiebung der Vegetationszonen läßt sich am besten durch einen Vergleich mit den heutigen Verhältnissen ermessen: Das Gebiet zwischen dem 50. und dem 52. Breitengrad, in dem sowohl Paris als auch Hamburg liegen, ist gekennzeichnet von Laubmischwäldern. Moose, Flechten, Gräser, Kräuter und andere bodenbedeckende Pflanzen der Tundra tauchen erst jenseits des 68. Breitengrades auf. Während der Kälteperioden des Pleistozäns herrschten auf dem Festland durchschnittliche Jahrestemperaturen, die um etwa 10 bis 15 Grad niedriger waren als heute. Ein Bad im Meer hätte frühe Europäer damals mit um 7 Grad geringerer Wassertemperatur wenig gelockt. Der kälteste Monat war mit minus 14 bis minus 22 Grad der Januar, während das (damals noch nicht erfundene) Thermometer im Juli auf durchschnittlich 5 bis 10 Grad geklettert wäre. Die Warmzeiten unterschieden sich kaum von unseren heutigen Jahresdurchschnittstemperaturen; sie lagen bei etwa 11 bis 12 Grad. In den Eiszeiten waren Nordeuropa und Mittelsibirien wahrscheinlich teilweise baumfrei. Eichen, Eschen, Ulmen, Hainbuchen, Tannen und Haselsträucher wuchsen während der Warmzeiten. Birken und Kiefern verdrängten den warmzeitlichen Eichenmischwald zu Beginn jeder Kaltzeit. Fossile Baumpollen sind oft der beste Indikator zur Rekonstruktion der eiszeitlichen Flora und Fauna.

15. Wieso gab es Nilpferde im Rhein? Weil es auch Löwen im hessischen Mosbach gab. Der *Panthera leo fossilis* aus den Mosbacher Sanden erreichte eine Körperlänge von 2,40 Meter. Mit einem Schwanz von etwa 1,20 Meter Länge waren die Mosbacher Löwen einen halben Meter länger als heutige Löwen und ungefähr so groß wie der Sibirische Tiger, die größte heutige Katze. Löwen und Nilpferde fanden vor 600 000 bis 500 000 Jahren milde klimatische Bedingungen im Nordwesten Europas vor. Aber auch in der letzten Zwischeneiszeit vor ca. 100 000 Jahren waren Wasserbüffel und Nilpferde in Mitteleuropa heimisch. In den Warmzeiten teilten sich Waldelefanten, Wildschweine, Nashörner, Damhirsche, Rehe, Auerochsen, Riesenhirsche und Wasserbüffel ihre Reviere mit den frühen Europäern, den Vorfahren der Neandertaler (*Homo heidelbergensis, Homo steinheimensis*). In den Höhlen hausten Höhlenlöwen, Höhlenbären und -hyänen, während draußen Pferde weideten. Vor allem die Beutegreifer können nicht eindeutig der warm- oder der kaltzeitlichen Fauna zugeordnet werden. Als Fleischfresser waren sie nicht so stark von der Vegetation abhängig wie die vegetarischen Wildschweine oder Auerochsen, und ernährten sich wahrscheinlich von beiden Faunengesellschaften. Flußpferde besiedelten seit dem Beginn des Neogens vor 20 Millionen Jahren den Mittelmeerraum – in den Warmzeiten breiteten sie sich in ganz Mitteleuropa aus, währenddessen sie in den Kaltzeiten Rückzugsgebiete nahe des Meeres aufsuchten. Es ist daher nicht verwunderlich, daß sich Nilpferdfossilien sogar im Süden der Britischen

Inseln finden lassen. Die damaligen Klimaverhältnisse machten es möglich, denn Flußpferde benötigen, wie ihr Name bereits vermuten läßt, den Zugang zu Wasser, selbst wenn die Temperaturen bei kühlen 11 Grad blieben. Im Zwergenformat kamen Flußpferde auch auf Mittelmeerinseln wie Zypern vor und waren wohl noch zu Napoleons Zeiten in Nordafrika zu finden. Ihr angestammtes Habitat (Lebensraum) teilten sich Flußpferde mit den Wasserbüffeln, die sich meist in wassernahen Gebieten aufhielten.

16. Was ist die Mammutsteppe? Unter dem Begriff «Mammutsteppe» versteht man eine kaltzeitliche Mammutfauna (Fauna = Tierwelt) und einen Lebensraum, die sich durch die Einwanderung von Mammuts und wollhaarigen Nashörnern sowie anderen Säugetieren, die gut mit der Kälte zurechtkamen, im Westen Eurasiens entwickelt hatten. Die Steppe, die sich von Alaska bis nach Mittel- und Westeuropa erstreckte, war durch extreme Trockenheit und große Temperaturunterschiede zwischen Tag und Nacht gekennzeichnet. Gräser boten großen Herden genügend Nahrung. Neben den Mammuts besiedelten Saiga-Antilopen, Moschusochsen, Wisente und Rentiere die Mammutsteppe. Das dieser Fauna den Namen gebende Mammut lebte dort bis vor etwa 4000 Jahren. Während es in Ägypten und im Zweistromland zu dieser Zeit bereits menschliche Hochkulturen gab, die solche Großsäuger sicher verdrängt hätten, waren die Mammuts im Norden noch lange vor Menschen sicher. Steinwerkzeuge und Speerspitzen, Hinterlassenschaften des *Homo sapiens*, lassen sich für die Mammutsteppe erst ab 3100 Jahren, also rund 900 Jahre nach ihrem Aussterben, nachweisen. Damit ist klar, daß der Mensch keinerlei negativen Einfluß auf die Mammutpopulation hatte. Doch warum starben diese in der Evolution an sich äußerst erfolgreichen Säuger aus? War eine Krankheit schuld am Massenexitus der Mammuts? Oder beeinflußte die sich ändernde Vegetation die Lebensgewohnheiten der haarigen Dickhäuter so sehr, daß sie sich nicht mehr anpassen konnten? Vielleicht spielten mehrere Faktoren eine Rolle: Mammuts und Wollnashörner waren sicherlich eine schwer zu jagende Beute, doch durch die Masse der bei einer erfolgreichen Jagd anfallenden Produkte wie Fleisch, Fell, Knochen und Leder waren sie dennoch durchaus attraktiv für ein eingespieltes Jägerteam. In Nordamerika fällt tatsächlich das Aussterben der Großsäuger mit der Besiedlung durch den Menschen zusammen. Zwangsläufig heißt das nicht, daß Menschen das letzte Mammut erlegt haben, doch macht es den Anschein, daß die Mammutherden durch die Jagd seitens des Menschen so geschwächt waren, daß Krankheiten und Klimaänderungen, die ansonsten keinerlei Einfluß auf das Überleben der Dickhäuter gehabt hätten, deren Aussterben begünstigten. Die beiden Wissenschaftler Andrej Scher und R. Dale Guthrie nehmen dagegen an, daß sich die Mammutsteppe allmählich mit dem Tauwetter des Holozäns in eine morastige Tundra mit wenig nahrhaften Moosen und Riedgräsern verwandelte – keine besonders wirtliche Umgebung für die schweren Mammuts, die aufgrund ihres Gewichtes wohl eher zu den Tieren gehörten, die im Morast steckenblieben und dort nicht weiter vorwärts kamen. Wie auch immer sich das Aussterben der wohl berühmtesten eiszeitlichen Säuger im einzelnen vollzog, immerhin ist deren Verwandtschaft weitgehend geklärt: DNS-Untersuchungen aus den Knochen und Zähnen von Wrangle-Island ergaben, daß Mammuts näher mit den Indischen als mit den Afrikanischen Elefanten verwandt sind. Der heutige indische Elefant hat eine Rüsselspitze mit einem «Finger», während der afrikanische Elefant zwei «Finger» besitzt – Mammutleichen mit Rüssel zeigen ebenfalls nur einen «Finger». Weitgehend unklar dagegen ist die Rekonstruktion der Fellfarbe von Mammuts; auch wenn das Fell von Mammutmumien ein helles Rot-braun aufweist, so geht man heute durch die Untersuchung von sich zersetzenden Farbpigmenten davon aus, daß Mammuts ein weitaus dunkleres Fell besaßen.

17. Wann wurden Menschen seßhaft? Etwa vor 13 000 Jahren zu Beginn der Jungsteinzeit. Dieser Zeitraum markiert den Übergang vom Leben der Menschen als Sammler und Jäger zum seßhaften Leben als Bauern. Dieser fundamentale gesellschaftliche und technologische Umbruch wird auch als «neolithische Revolution» bezeichnet. Allerdings ist darunter eine ganze Serie von Kulturveränderungen und Erfindungen zu verstehen – so beispielsweise Seßhaftigkeit, Keramik, erste Tier- und Pflanzenzucht, wobei dies im einzelnen über einen Zeitraum von mehreren Tausend Jahren erfolgte. Doch waren die Auswirkungen grundumstürzend und führten zu veränderten Ritualen und Vorstellungen bei den Menschen. Das Kerngebiet dieser Entwicklung lag möglicherweise in Kleinasien, genauer gesagt im Vorland des Taurus- und des Zagrosgebirges am Unterlauf des Euphrat. Dort – im sogenannten fruchtbaren Halbmond – erlegten Gazellenjäger der frühen Nacheiszeit riesige Tierherden. Sie errichteten feste Vorratsbauten, in denen sie ihre Fleischvorräte einlagerten. Wildgetreide, das im Überfluß zur Verfügung stand, wurde systematisch abgeerntet. Durch den immensen Nahrungsüberfluß stieg die Bevölkerungszahl stark an. Aus dieser Vorphase der Seßhaftwerdung vor ca. 13 000 Jahren stammt auch die älteste bekannte Tempelanlage am Göbkli Tepe, die im Gegensatz zu älteren Vorstellungen also nicht von seßhaften Bauern, sondern von Jägern und Sammlern errichtet wurde. Vor knapp 10 000 Jahren waren jedoch die Wildbestände durch ein Übermaß an Bejagung weitgehend erschöpft, und es kam zu Hungersnöten. Not macht bekanntlich erfinderisch: Nur durch eine Vielzahl von Erfindungen, deren Bandbreite von neuen komplexen Werkzeugen bis zum Getreideanbau und der Domestikation von Rindern, Schafen, Ziegen und Schweinen reichten, konnte die Krise gemeistert werden. Die dadurch entstehende, auf Vorratshaltung ausgerichtete nahrungserzeugende Wirtschaftsweise führte ebenso wie die Anpassung an klimatische Veränderungen wieder zu steigender Produktivität. Weltweit sind Übergänge zur Seßhaftigkeit und zum Ackerbau dokumentiert (Levante, Südchina und Mittelamerika); diese Zentren standen möglicherweise durch erst ganz rudimentäre Ansätze von Fernhandel miteinander in Beziehung. Im Jordantal wurden Hinweise auf sehr frühe Landwirtschaft gefunden. In den Überresten eines 11 400 Jahre alten Hauses an der Grabungsstelle Gilgal I wurden die Reste von Feigen ausgegraben, die geschlechtslos sind und keine Samen produzieren und daher nur durch das Eingreifen des Menschen in die Natur über Setzlinge weitergezüchtet werden konnten. Im Gegensatz zum Anbau von Gemüse und Getreide war dies jedoch relativ einfach: Es mussten nur Zweige abgeschnitten und eingepflanzt werden. Weintrauben-, Oliven- und Dattelanbau folgte erst 5000 Jahre später. Die neolithische Revolution hatte mit Sicherheit enorme Auswirkungen auf die menschliche Gesellschaft und ihre Rechtsvorstellungen, begannen doch erstmals Besitz und Eigentum an Grund und Boden, aber etwa auch an Ackerbaugeräten im Leben der Menschen eine große Rolle zu spielen.

18. Waren die Neandertaler unsere Vorfahren? Nein, denn die biologisch modernen Menschen – also unsere nächsten Verwandten im Stammbusch des Menschen – waren in Afrika vor knapp 200 000 Jahren schon längst entstanden, als die Neandertaler in Europa den Höhepunkt ihrer Entwicklung vor ca. 40 000 Jahren noch lange nicht erreicht hatten. Fossile Reste moderner Menschen fand man 1931 in Skhul, einer Höhle bei Haifa, und kurz darauf am Djebel Kafzeh bei Nazareth. In unmittelbarer Nachbarschaft von Skhul in der Höhle von Tabun und in Kebara wurden jedoch auch Neandertaler entdeckt. Absolute Datierungen ergaben, daß diese Besiedlungen durch die verschiedenen Hominidengruppen etwa gleichzeitig stattfanden. Der moderne Mensch stieß also vor ungefähr 100 000 Jahren aus Afrika in das Gebiet des Nahen Ostens vor. Auf dem Höhepunkt seiner Entwicklung erreichte einige Zeit später auch der Neandertaler von Norden her denselben Lebensraum. Keineswegs führte dies zu einem Kampf auf Leben und Tod. Im Gegenteil, fast 50 000 Jahre lang besiedelten Neandertaler und moderne Menschen gemeinsam dasselbe Gebiet. Auch nach dem weiteren Vordringen des modernen Menschen in Europa dürften diese einige Tausend Jahre neben den Neandertalern gelebt haben. Bei einer so langen Koexistenz liegt die Frage nahe, ob es nicht vielleicht punktuell zu Begegnungen oder gar Vermischungen gekommen sein könnte. Es ist durchaus vorstellbar, daß die Neandertaler von den modernen Menschen lernten. Hinweise dafür ergeben sich beispielsweise aus der Vermischung von Werkzeugkulturen. Obwohl es diese kulturellen Berührungen gegeben hat, ist eine biologische Vermischung unwahrscheinlich. 1997 gelang erstmals die Untersuchung einer DNA-Sequenz eines fossilen Menschen. Sie stammt vom Typusexemplar des Neandertalers, der 1856 im gleichnamigen Tal bei Mettmann gefunden wurde. Dem 40 000 Jahre alten Fossil wurde posthum die Ehre zuteil, ein Stück Oberarmknochen für die molekularen Studien von Svante Pääbo, Matthias Krings und Ralf W. Schmitz spendieren zu dürfen. Der Vergleich der fossilen Neandertaler-DNA mit der DNA heute lebender Menschen zeigt durchschnittlich 27 Abweichungen. Das ist eine ganze Menge, denn Sequenzen des modernen Menschen untereinander weisen nur Unterschiede von durchschnittlich acht Basenpaaren auf. Das molekularbiologische Fachmagazin «Cell» formulierte die Bedeutung der Studie unmißverständlich: «Neanderthals were not our ancestors» – zu Deutsch: Neandertaler waren nicht unsere Vorfahren. Fest steht mit der Auswertung dieser epochemachenden Probe, daß der letzte gemeinsame Vorfahre von Neandertaler und modernem Menschen vor über einer halben Million Jahre gelebt haben muß und daß die letzten Neandertaler keinen entscheidenden Beitrag zum Genpool heute lebender Menschen geleistet haben.

19. Seit wann gibt es moderne Menschen? Während sich in Europa die Neandertaler entwickelten, entstanden in Afrika vor ungefähr 500 000 bis 200 000 Jahren die ersten Prototypen moderner Menschen. Ältester bislang gefundener Repräsentant ist der auf ein Alter von 160 000 Jahren geschätzte Mann aus Herto, dessen Schädel zusammen mit zwei weiteren modernen Menschen im Afar-Dreieck Äthiopiens gefunden wurde. Weitere Fossilien unserer frühen modernen Vorfahren stammen aus Südafrika. Die Funde bei Klasies River Mouth und Border Cave weisen ein Alter von 100 000 und 150 000 Jahre auf. Ein fast vollständiger Schädel eines modernen Menschen, der möglicherweise sogar 200 000 Jahre alt ist, stammt aus der Kibish-Formation im Omo-Tal Südäthiopiens. Frühe archaische *Homo sapiens*-Formen – repräsentiert durch den Schädel von Bodo in Äthiopien, den Schädel vom Ndutu-See westlich von Olduvai Gorge, Tansania, durch den Kabwe-Schädel aus Sambia und die Funde aus dem marokkanischen Salé und dem tansanischen Eyasi – stammen aus einem Zeithorizont von 500 000 bis 20 000 Jahren. Weitere Übergangsformen aus der Zeit um 200 000 bis 100 000 Jahre wurden im südafrikanischen Florisbad, in Eliye Springs in Kenia, im tansanischen Laetoli und in Jebel Irhoud in Marokko gefunden. In Afrika entstanden, breitete sich der moderne *Homo sapiens* sowohl über die arabische Halbinsel als auch über den Nahen Osten in die ganze Welt aus. In Asien lassen sich die Funde der frühesten modernen Menschen (Borneo, China) auf ein Alter von ca. 40 000 Jahren bestimmen. Vor 60 000 Jahren lebte *Homo sapiens* in Australien und über die Beringstraße gelangte der moderne Mensch wahrscheinlich schon vor 35 000 Jahren entlang der Küsten auch auf den amerikanischen Kontinent – zuerst nach Südamerika, da Nordamerika noch eisbedeckt war.

Konträr zum «Out of Africa»-Entstehungsmodell – d. h., daß der moderne Mensch seinen Weg in die Welt nur von Afrika aus genommen hat – steht die multiregionale Hypothese, der die Annahme zugrunde liegt, daß die modernen Menschen auf verschiedenen Kontinenten – also in Asien, Europa, Afrika – aus regionalen Vorfahren entstanden sind. Dieser Ansatz scheint jedoch durch molekulargenetische Daten vor allem aus DNS-Sequenzen von Mitochondrien (mtDNA) moderner Menschen widerlegt worden zu sein: Bei der Vervielfältigung der Erbsubstanz treten immer wieder Fehler auf, die sich in den Mitochondrien häufiger abspielen als im Zellkern. In der mtDNA gibt es daher nachweislich mehr Mutationen als in der Zellkern-DNA. Aus diesem Grund eignet sich die mtDNA besser dazu, Unterschiede zu suchen und zu bestimmen, um Vergleiche von nahezu identischen Organismen wie den Menschen anzustellen. Mitochondrien sind Zell-Organellen, die nur von der Mutter vererbt werden. Daher spiegelt die genetische Variation von mtDNA die Geschichte der Frauen wider und gibt Aufschluß über die «molekulare Eva». Diese Eva aber war nun einmal eine Afrikanerin. Das zeigen Stammbäume, die aus den mtDNA-Sequenzen erstellt wurden. Sequenz-Varianten, die außerhalb Afrikas vorkommen, finden sich zwar auch in Afrikanerinnen, doch umgekehrt ist dies nicht der Fall. Eine Region im Genom, die sich als Gegenstück zur mtDNA anbietet, ist das Y-Chromosom. Da es ausschließlich vom Vater an die Söhne weitervererbt wird, spiegelt es die Geschichte der Männer wider. Auch die ältesten Linien von Y-Chromosomen basieren auf einem afrikanischen Ursprung. Somit geht auch die Geschichte heute lebender, «moderner Männer» auf afrikanische Vorfahren zurück.

20. Wer sprach das erste Wort? ... und wie hörte es sich an? Die differenzierten Nuancen kultureller Erscheinungen setzen ein ebenso differenziertes Kommunikationsmedium voraus: die Sprache. Nur mit Hilfe der Sprache ist es möglich, kulturelle Erfahrungen weiterzugeben, von Individuum zu Individuum und von Generation zu Generation. Sprache fossilisiert leider nicht. Daher werden unterschiedliche Forschungsansätze bemüht, um der Entstehung der menschlichen Sprache auf die Spur zu kommen, so zum Beispiel Forschungen zur Kommunikation von Primaten und zur Entwicklungspsychologie bei Kindern. Auch eine genetische Grundlage für Sprache wird diskutiert, da das FOXP2-Gen beim Menschen mit Sprachbildung und Sprachverständnis in Verbindung gebracht wird. Drei unterschiedliche Fähigkeiten liegen der menschlichen Sprache zugrunde: Die Kommunikationsfähigkeit setzt das Vermögen voraus, sich in der Gruppe zu verständigen. Das hierzu notwendige Bewußtsein über eigene Motivation und Kommunikationsinhalte und die Vermittlung fehlenden Wissens ist bei heutigen Menschenaffen ausgebildet und kann daher auch für frühe Hominiden (Vorfahren des modernen

Menschen) vorausgesetzt werden. Der Sprachfähigkeit liegen anatomische und neuronale Voraussetzungen zu Grunde. Einen vorsichtig zu bewertenden Hinweis darauf, daß die Anfänge der Sprachfähigkeit bereits bei den ersten Urmenschen zu suchen sind, geben einige der Innenausgüsse von Schädelknochen des *Homo habilis*: Die beiden für die Sprache des Menschen wichtigen Gehirnzentren auf der Oberfläche der linken Gehirnhälfte – das sogenannte Wernicke-Zentrum und das Broca-Zentrum – waren andeutungsweise bereits vor 2,5 Millionen Jahren entwickelt. Die dritte Voraussetzung für die Entwicklung gesprochener Sprache ist die Sprech- oder Lautfähigkeit, die aber eines entsprechenden Stimmapparats bedarf. Mit dem Auffinden eines fossilen Zungenbeins aus Kebara in Israel im Jahre 1983 konnte die lange Zeit andauernde Spekulation über die Sprachfähigkeit der Neandertaler zumindest aus biologischer Sicht mit einem positiven Ergebnis beendet werden. Oder doch nicht? Fest steht, daß dieser frei in der Muskulatur sitzende Knochen Ansatzpunkt für einige Kehlmuskel ist. Allerdings ist das Zungenbein allein kein eigenständiges «Instrument», das Sprache hervorbringen könnte. Es ist vielmehr Teil einer übergeordneten Struktur. Wie die knorpeligen Anteile aussahen, die notwendigerweise zum Stimmapparat dazugehören, ist unbekannt, denn Knorpel fossilisieren nicht. Doch was heißt das für die Sprache? Töne werden im Kehlkopf erzeugt, Worte aber müssen mit der Zunge und einem vorhandenen Zungenbein geformt werden. Mit dieser Bewegung wird auch der Rachenraum verändert. Bei Neandertalern ist der Rachen relativ hoch, die Zunge ist groß, lang und setzt im Verhältnis zum Gaumen weiter vorne an. Auch wenn der Fund des Kebara-Zungenbeins kein endgültiger Beweis für die Sprachfähigkeit von Neandertalern darstellt, so ist doch die Tatsache allein, daß die Neandertaler biologisch befähigt waren, ihren Gaumen geformte Laute entlocken zu können, zumindest ein wichtiges Indiz dafür, daß seine Anatomie es ihm wohl erlaubt hat zu sprechen. Ob er diese Fähigkeiten wirklich entwickelt hat, wissen wir aber nicht. Doch lassen seine Lebensweise, Jagd, Kultur- und Werkzeugherstellung jedenfalls auf ein Kommunikationssystem schließen, das in der Differenzierung dem des modernen Menschen glich.

21. Wer waren die Vorgänger von Picasso, Goethe und Mozart?

Über Kunstempfinden und Kreativität läßt sich trefflich streiten: Ist die ebenmäßige Behauung eines Steinwerkzeuges Ausdruck eines äs-

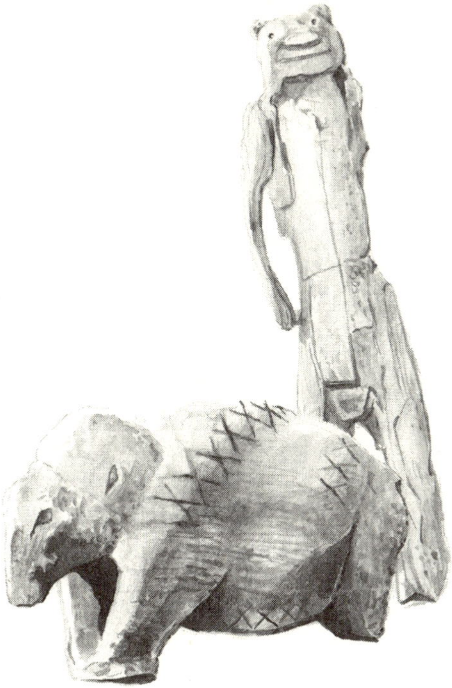

Abb. 3 Von Pferden und Löwenmenschen: Vor knapp 40 000 Jahren entstand erstmals gegenständliche Kunst. Die hervorragenden Funde aus dem Ach- und Lonetal (Schwäbische Alb) sind damit weltweit die ältesten Relikte figürlicher Kunst des Menschen. Im ca. 30 cm hohen Löwenmensch aus Hohenstein-Stadel spiegeln sich menschliche Haltung und tierische Kraft. Auch beim Pferdchen aus dem Vogelherd handelt es sich nicht um eine realistische Darstellung. Neue Interpretationen deuten beide Funde als Belege für Schamanismus.

thetischen Empfindens oder Zufall? Eine Frage mit einer Gegenfrage zu beantworten ist ein rhetorisches Mittel des Kommunikations- und Kunstprofis *Homo sapiens.* Seiner Spezies wurden jene archäologischen Funde in Afrika, dem vorderen Orient und in Europa zugesprochen, die am Beginn der kulturellen Modernität des Menschen stehen. Der Beginn symbolischer und damit ästhetischer Kommunikation reicht bis in die afrikanische Mittelsteinzeit vor ca. 300 000 Jahren zurück. Hier ist der Gebrauch von Farbstoffen wie beispielsweise

Ocker belegt. Frühe Belege für Schmuck finden sich in Form von durchlochten Schneckengehäusen in der Blombos-Höhle Südafrikas, deren Alter auf 75 000 Jahre, und im israelischen Qafzeh, deren Alter auf 90 000 Jahre geschätzt wird. Die ältesten Schmuckstücke einer anderen Menschenart, der Neandertaler, stammen aus der Zeit von vor etwa 115 000 bis 35 000 Jahren. Zu den sehr seltenen Funden dieser Art gehören ein Fuchszahn mit angefangener Durchbohrung von La Quina in der Charente (Frankreich) sowie ein durchbohrter Schwanzwirbel eines Wolfs, ein weiteres durchbohrtes Knochenstück eines Wolfs aus der Bocksteinschmiede im Lonetal in Baden-Württemberg sowie ein Wolfszahn aus der Repolusthöhle in Österreich.

In der Zeit vor ca. 35 000 Jahren bringen die eiszeitlichen Mitstreiter der Neandertaler, des *Homo sapiens* und seiner Sippschaft, erstmals figürliche Kunst hervor. Die älteste bekannte Ansammlung von figürlichen Kleinkunstwerken einheitlichen Stils stammt aus den Höhlen Vogelherd, Geißenklösterle, Hohlenstein-Stadel und Hohle Fels auf der Schwäbischen Alb. Erhalten blieben aus Mammutelfenbein geschnitzte Skulpturen von Pferd, Mammut, Löwe, Wisent, Bär und Vogel sowie bislang noch nicht klar definierte Mischwesen. Die größte und spektakulärste Elfenbeinfigur, der etwa 30 Zentimeter große Löwenmensch, in der sich menschliche Haltung und tierische Kraft vereinen, stellt wohl ein höheres Wesen dar; nach Ansicht des Tübinger Urgeschichtlers Nicholas Conard spiegeln sich in den Funden schamanistische Elemente – d. h. Spuren von Ritualen, in denen ein Mensch versucht, sich einem Tier anzuverwandeln, um dessen Fähigkeiten in einem Zustand des Aus-sich-Heraustretens (Ekstase) zu erlangen.

Die kulturelle Modernität der frühen Bewohner Mitteleuropas wird auch durch die Entdeckung zweier Knochenflöten belegt. Diese bislang ältesten bekannten Musikinstrumente wurden aus Knochen gefertigt und sind 35 000 Jahre alt. Fast ebenso alt, ca. 30 000 Jahre, sind die berühmten Höhlenmalereien aus Chauvet in Frankreich. Tierdarstellungen in der Kunst der frühen modernen Menschen zeigen, daß die Vorgänger von Picasso und Co. hervorragende Naturbeobachter waren. Während es die biologisch modernen Menschen seit 200 000 Jahren gibt, zeigen die Spuren früher Kunst, daß die kulturelle Modernität erst vor knapp 40 000 Jahren einsetzt. Warum aber kommt es so plötzlich zu dieser Zeit zu einer so nachweislich großen und vielfältigen Produktion von Kunstgegenständen? Möglicherweise machten die biologisch modernen Menschen damals eine Erfindung, die ihnen schlagartig einen entscheidenden Vorteil verschaffte: die symbolhafte Sprache. Damit brach wohl eine rasante kulturelle Entwicklung an, die gekoppelt war mit einer starken Vermehrung – und durch die die Neandertaler bis hin zum Aussterben zurückgedrängt wurden. Die 32 000 Jahre alte Löwenmensch-Statue aus der Vogelherdhöhle, die Flöten und Höhlenmalereien entstanden jedenfalls zur selben Zeit, als sich die letzten Neandertaler vergeblich um den Erhalt ihrer Population bemühten.

22. Was ist die Steinzeit? Die Steinzeit bezeichnet den Zeitabschnitt der Geschichte der Menschheit, bevor die Verarbeitung von Metall bekannt war. Im System der Einteilung der Ur- und Vorgeschichte, das um die Mitte des 19. Jahrhunderts ersonnen wurde, folgt ihr die Bronze- und die Eisenzeit. Der längste Abschnitt der Steinzeit, das Paläolithikum, die Altsteinzeit, begann mit dem Early Stone Age in Afrika vor ca. 2,5 Millionen Jahren mit den Geröllgeräte-Industrien des Olduvan: Am Westufer des Turkana-Sees in Lokalalei konnte die schon sehr komplexe Herstellungstechnik dieser ursprünglichen Steinwerkzeuge rekonstruiert werden, da sich die scharfkantigen Abschlagsplitter zusammensetzen ließen. Auch die Beherrschung des Feuers seit mindestes 1,6 Millionen Jahren zeigt, daß Bewußtsein, Denkfähigkeit und die Fähigkeit zu vorausschauendem Handeln bereits früh entwickelt waren. Die Werkzeuge der Oldowan-Menschen, Urmenschen und der ersten Frühmenschen *Homo erectus/ergaster* – also des «aufrechtgehenden/werkzeuggebrauchenden» Menschen – konnten relativ einfach an Ort und Stelle hergestellt werden. Schon lange zuvor muß aber die Verwendung unbearbeiteter Steine zum Aufbrechen der Knochen toter Tiere oder harter Früchte üblich gewesen sein.

Für die Zeit vor ca. 1,5 Millionen Jahren läßt sich dann eine neue Technik nachweisen: In der jüngeren Phase der Altsteinzeit, der Acheuléen-Kultur, tauchen Faustkeile in verschiedenen Varianten auf, die offenbar für jeweils verschiedene Zwecke unterschiedlich hergestellt worden sind. Die Anfertigung dieser differenzierten Geräte wie «Cleaver» (Schaber) oder «Pick» (Axt) verlangten gezielte Planung und vorausschauende Produktionsweise. Die Acheuléen-Kultur wird mit dem späteren *Homo erectus* Afrikas, Asiens und Europas in Verbindung gebracht. Die technische Entwicklung ging allerdings zunächst sehr langsam vonstatten, und erst ca. 1 Million Jahre später finden sich die Faustkeil-Industrien des Acheuléen in Afrika und auch im Altpaläolithikum Europas – als *Homo erectus* und *Homo heidelbergensis*. Die mittlere Altsteinzeit, die vor ca. 350 000 Jahren einsetzt, wird in Europa als Kultur der Neandertaler und ihrer europäischen Vorfahren angesehen; im Nahen Osten erscheint die typische mittelpaläolithische Levalloistechnik jedoch auch mit den dort vor ca. 100 000 Jahren aus Afrika eingewanderten anatomisch modernen Menschen verbunden. Holzlanzen und Jagdspeere waren bereits vor 500 000 Jahren in Gebrauch. Materialien wie Holz, Geweih oder Knochen wurden zur Herstellung von Griffen, Behältern und Schabern verwendet. In der jüngeren Altsteinzeit, die vor ca. 40 000 Jahren begann, wurde die Werkzeug-Technik in zunehmend rascherer Folge stark verändert, so daß verschiedene zeitlich aufeinander folgende Typen unterschieden werden können. Das Aurignacién, das bis vor 28 000 Jahren dauerte, brachte neben Messern, Schabern und Grabstichel aus Feuersteinen auch Speere, Pfeil und Bogen, Werkzeuge und Waffen aus Holz und Rentiergeweihen hervor. Im Gravettién (28 000 – 22 000 Jahre) wurden lange Feuersteinspeerspitzen an hölzernen Schäften befestigt; im Solutréen (22 000 – 18 000 Jahre) fand die Technik der Feuersteinbearbeitung schließlich ihren Höhepunkt. Die Erfindung der Knochennadel mit einer Öse für dünne Fäden war so erfolgreich wie kein anderes Werkzeug aus dieser Zeit: Es blieb die folgenden 20 000 Jahre praktisch unverändert. Aus dem Magdalénien (18 000 – 11 500 Jahre) stammen nicht nur Speerschleudern von großer Treffsicherheit und Reichweite, sondern auch Kunstobjekte von höchster Eleganz. Die für die Mittelsteinzeit (Mesolithikum, ab ca. 10 000 Jahren vor heute) kennzeichnenden Geräte sind Mikrolithen (kleine Steinwerkzeuge) aus Feuerstein, die als Teil komplexerer Werkzeuge wie Sägen verwendet wurden. Der Übergang zur Jungsteinzeit (Neolithikum) mit dem Beginn von Viehhaltung und Ackerbau erfolgte in Mesopotamien um 11 000 v. Chr., in Mitteleuropa beginnt das Neolithikum zwischen 5600 und 4900 v. Chr. und ist mit der Bandkeramik assoziiert. Erst seit ca. 5000 Jahren wird allmählich die seit 2,5 Millionen Jahren unübertroffene Steinwerkzeugtechnologie verdrängt – die Erfindung der Metallbearbeitung führt zu neuen technischen Revolutionen.

23. Wie lebten die Menschen der Steinzeit? Steinzeitmenschen wie die Neandertaler lebten am Mittelmeer, andere im Gebirge oder im Flachland. Aßen die einen gerne Ziegen und Schafe, bevorzugten andere Bisons und Auerochsen. Als Jäger und Sammler verstanden es alle Steinzeitmenschen, ob *Homo neanderthalensis* oder der moderne *Homo sapiens*, sich auf das jeweilige Klima, die Tier- und Pflanzenwelt einzustellen. Steinzeitmenschen hatten ein recht geregeltes Alltagsleben. Siedlungsplätze weisen neben «Wohnarealen» auch räumlich separierte Arbeitsstätten auf. Mammutstoßzähne und Holzpfosten wurden benutzt, um Behausungen einzurichten. Knochen, Holz, Felle und Tierhäute halfen, sich dauerhaft vor der Kälte zu schützen. Manchmal wurden Eingänge von Höhlen aufgesucht, die Schutz gegen die Unbilden der Witterung boten. Für die modernen Menschen, die vor ca. 40 000 Jahren bis nach Mitteleuropa vorgedrungen waren, war das Klima der letzten Eiszeit ein das Leben bestimmender Faktor. Sie lebten nicht in den Tiefen der Höhlen, die jedoch als Kultstätten dienten, sondern siedelten in deren Eingangsbereichen. Verbreitet waren auch Zeltbauten, die aus Tierfellen, gestützt von Pfählen, hergestellt wurden. Nur eine wetterfeste und wärmende Kleidung garantierte das Überleben. Mammutfelle wurden sowohl für die Produktion von Kleidung als auch für die Bedachung von Zeltbehausungen verwendet. Mit Steinschabern reinigte man das abgezogene Fell und gerbte es anschließend. Mit Pfriemen aus Knochenspänen wurden Löcher vorgestochen, um Lederstreifen oder Fäden aus Tiersehnen durchzuziehen. So ließen sich einfache, aber zweckmäßige Hosen und Jacken anfertigen.

Steinzeitmenschen lebten als Jäger und Sammler. Das Mammut spielte wie bereits erwähnt, eine wichtige Rolle als Rohstoff- und Fleischlieferant. Seine Knochen wurden aufgeschlagen, um an das Mark und damit an energiereiche Nährstoffe zu gelangen. Das Elfenbein der Mammutstoßzähne bildete zudem den Rohstoff für Waffen, Geräte, und bei modernen Menschen diente es auch als Rohstoff für die Schmuckherstellung. Da in der Steppenlandschaft das Holz knapp war, wurden Mammutknochen sogar als Brennmaterial verheizt.

Das Leben in der Steinzeit war hart und entbehrungsreich. Viele der gefundenen Skelette aus der Steinzeit – mögen sie vom Neandertaler oder vom *Homo sapiens* stammen – weisen Verletzungen auf. Die Lebenserwartung lag bei höchstens 40 Jahren, und es herrschte eine sehr hohe Kindersterblichkeit. Im Zahnschmelz von Neandertalern lassen sich Anzeichen für Unterernährung nachweisen. Bemerkenswert scheint es, daß trotz Behinderungen und Verletzungen, die an Steinzeitmenschen festgestellt wurden, diese Versehrten offenbar in der Gruppe lebten und gesundeten. Pflegte die Gruppe die Alten und Kranken, um ihren sozialen Zusammenhalt zu stärken? Waren die Alten als Träger von Wissen und Tradition von großer Bedeutung für die Jüngeren – ganz unabhängig von ihrer physischen Leistungsfähigkeit?

Eine revolutionäre Neuerung in der Steinzeitkultur war – neben der Entstehung von Kleidung – die Beerdigung der Toten. Wie «rituell» die Begräbnisse der Steinzeit gestaltet waren, darüber läßt sich nur spekulieren.

24. Wer waren die ersten Europäer? Afrikaner! Denn vor etwas mehr als 2 Millionen Jahren verließen Frühmenschen erstmals den afrikanischen Kontinent. Die Ausbreitung – unter denen eher Expansion als Wanderungen zu verstehen sind – betrug aber nur wenige Kilometer pro Generation. Vor 2 Millionen Jahren waren die Lebensräume, die Fauna und Flora in Afrika, nicht sehr verschieden von jenen in der Levante. Steigende Populationszahlen erhöhten den Druck, neue Nahrungsressourcen zu suchen. Manche Funde der ersten afrikanischen Europäer geben allerdings nur indirekt Auskunft über die Ur-Bewohner Europas, denn es handelt sich bei diesen Zeugnissen um Steinwerkzeuge und nicht um menschliche Knochen. Bekannt für ihre Werkzeuge sind die Fundplätze aus dem israelischen Ubeidiya mit einem Alter von 1 Million Jahren und aus dem spanischen Orçe, das ein Alter von ca. 1,6 Millionen Jahre aufweist. Aufsehen erregten die Funde aus dem georgischen Dmanisi. Hier wurden seit 1991 Fossilien geborgen, die fast 1,8 Millionen Jahre alt sind. Aus dieser einmaligen Fundstelle wurden menschliche Unterkiefer und vier Schädel, die als *Homo georgicus* bezeichnet wurden, sowie eine große Anzahl von Steinwerkzeugen zu Tage gefördert. Reichhaltige Belege der ersten Europäer stammen aus der zweiten Phase der Besiedlung, die vor ungefähr 600 000 Jahren in einer der Warmzeiten einsetzte. Lange galt der bereits 1907 entdeckte *Homo heidelbergensis* aus dem Baden-Württembergischen Mauer als ältester Europäer. Der auf ein Alter von über 600 000 Jahren datierte Fund hat jedoch durch Entdeckungen im spanischen Atapuerca Konkurrenz bekommen.

Die fossilen Reste aus der Fundstelle Gran Dolina, die sowohl von Erwachsenen als auch von Kindern beziehungsweise Jugendlichen stammen, werden auf ein Alter von bis zu 800 000 Jahren datiert. Aus dem gleichen Fundjahr, 1994, stammen auch jene bemerkenswerten Schädelreste aus dem italienischen Ceprano, deren Alter auf ca. 800 000 – 900 000 Jahre geschätzt wird. Inwieweit beide Funde als *Homo antecessor* – der «vorangehende Mensch» als letzter gemeinsamer Vorfahre von Neandertalern und modernen Menschen – klassifiziert werden können, ist bisher noch umstritten. Der Ceprano-Fund könnte ein Verbindungsglied zwischen dem afrikanischen Homo erectus und dem europäischen *Homo heidelbergensis* darstellen. Die meisten Paläoanthropologen sind der Ansicht, daß auch die Neandertaler aus einer Population des in Europa entstandenen *Homo heidelbergensis* hervorgegangen sein könnten. Somit ist der Ursprung der Neandertaler in Europa zu suchen, denn nirgendwo sonst gibt es Funde dieser fossilen Menschenart. Die Entwicklung dieses einzigartigen Menschentyps beginnt mit der Ante-(Vor-)Neandertaler-Periode, vertreten zum Beispiel durch den Ur-Württemberger *Homo steinheimensis.* Diese früheste Phase in der Evolution der Neandertaler wird zwischen 400 000 und 180 000 Jahre datiert. Ihr folgt zeitlich die Ära der frühen Neandertaler, vor etwa 180 000 bis 90 000 Jahren. Die klassischen Neandertaler, wie beispielsweise der Mann aus Mettmann und seine Zeitgenossen treten im Zeitraum von 100 000 bis vor 27 000 Jahren in Europa und darüber hinaus auch in Kurdistan, Kasachstan und Israel auf. Diese letzte Phase der Neandertaler in Europa wird begleitet von dem ersten Auftreten des modernen Menschen in Europa vor spätestens 35 000 Jahren.

25. Wer erfand die Jagd? In den 1960er Jahren wurde *Australopithecus africanus* (der «afrikanische Südaffe») zum bestialischen Killer erklärt, der sich als gefürchteter Jäger Nahrungstiere aller Art verschafft, und entsprechend der Osteodontokeratischen (Knochen-, Zahn- und Horn-) Kultur die Reste dieser Tiere als Jagdwaffen, aber auch als Kampfmittel gegen seine Artgenossen eingesetzt haben soll. Aus detaillierten Untersuchungen ergab sich jedoch sehr klar, daß *Australopithecus africanus* nicht etwa ein Jäger, sondern in Wirklichkeit der Gejagte war. Da sich *Australopithecus* nach dem Zahnschmelz zu urteilen als Allesfresser ernährte, gehörte neben reichlich Pflanzennahrung auch Fleisch zu seinem Speiseplan. Üblich war wohl das

Fleddern bereits von Raubtieren gerissenen Wildes – ein auch heute noch für Schimpansen nicht unübliches Verhalten. Gerade in den Trockenzeiten war frischtotes Fleisch – also kein Aas, das unsere Vorfahren so wenig vertragen hätten wie wir – zum Beispiel von verhungerten Tieren reichlich zu finden.

Erste Hinweise auf gezielte Jagd nach Beutetieren stammen vom *Homo erectus*. Aus Funden von Steinwerkzeugen und Tierknochen mit Schnittspuren, die von diesen Gerätschaften stammen, ist zu schließen, daß der *Homo erectus* bereits eine Zerlegungstechnik entwickelt hatte. So konnte die Jagdbeute, die in größeren Mengen gemacht wurde, intensiv und systematisch ausgeschlachtet werden. Dadurch stand vor allem stillenden Müttern die hochwertige eiweißhaltige Nahrung zur Verfügung, die notwendig war, um das nach der Geburt stark anwachsende Gehirn der Säuglinge mit energiereicher Nahrung zu versorgen. Die Jagdbeute wurde an festen Plätzen geteilt. Es bildeten sich Spezialisten für verschiedene Tätigkeiten heraus, deren Erfolg nicht nur von allgemeinen biologischen, sondern in zunehmendem Maße mit speziellen technisch-kulturellen Fähigkeiten – beispielsweise erforderlich für die Herstellung von Werkzeugen – verknüpft war. Das typische Werkzeug des *Homo erectus*, der Faustkeil, ist auf einer Seite stumpf, auf der anderen mit einer scharfen Klinge versehen. Er wurde etwa zum Zerlegen der Jagdbeute, zum Zerkleinern von Brennmaterial und zum Graben eingesetzt. Vermutlich wurden Steine auch als «Wurfgeschosse» verwendet. Jedoch sind aus Stein gearbeitete Speerspitzen erst von *Homo sapiens* bekannt. Viele Jagdtechniken, wie das Ausheben von Fallgruben oder die Jagd mit Netzen bzw. Schlingen, lassen sich nur schwer nachweisen. Die ältesten Jagdwaffen, die auf Großwildjagd schließen lassen, sind ca. 400 000 Jahre alte Holzspeere, die 1995 im Braunkohletagebau Schöningen bei Helmstedt gefunden wurden. Sie wurden mit ihrer beachtlichen Länge von 2,5 Metern von Menschen eingesetzt, die gezielt Wildpferde jagten – Tiere, die für ihre Schnelligkeit und Ausdauer bekannt sind. Erst damals, nach über 5 Millionen Jahren Menschheitsgeschichte, war die Jagd auf Großsäuger ein Teil menschlicher Existenzsicherung geworden. Der *Homo erectus* kannte übrigens auch bereits die Technik der Treibjagd; in Torralba in Spanien wurde eine komplette Elefantenherde entdeckt, die vor über 300 000 Jahren wahrscheinlich mit Hilfe brennender Fackeln in Sümpfe getrieben wurde, wo sie dann erlegt werden konnte.

Fundstätten von Jagdplätzen wie Mauran oder La Borde in Frankreich, Il'skaja im Nordkaukasus und Wallertheim im Rheinland zeigen, daß auch Neandertaler spezialisierte Jäger waren, die Bisons oder Mammuts auf ihren Wegen in Winterweidegebiete immer wieder an denselben Stellen auflauerten und erlegten. In Salzgitter-Lebenstedt fanden sich zusammen mit Tausenden von Steinwerkzeugen Knochenreste von 86 erjagten Rentieren, ein eindeutiges Zeugnis für die ausgezeichneten Jagdfähigkeiten der Neandertaler.

26. Wer hütete das erste Feuer? Der Gebrauch des Feuers war lange vor der Sprache, vor der Jagd, vor der Kunst ein bedeutender Bestandteil des menschlichen Lebens. Feuer ist eine alltägliche Naturerscheinung - Blitzschlag, glühende Lava aus Vulkanen und Buschfeuer gehörten zur Lebenswelt der frühesten Hominiden, den Vormenschen der Gattung *Australopithecus*, die vor etwa 5 Millionen Jahren entstanden. Die Forschung ging deshalb davon aus, daß bereits die Vormenschen im Umgang mit Feuer vertraut waren. Hiervon zeugt die heute nicht mehr gebräuchliche Artbezeichnung *Australopithecus prometheus* für Australopithecinen aus Makapansgat, in Südafrika. Weiß die griechische Mythologie, daß der Titan Prometheus das Feuer den Göttern geraubt und seinen Schützlingen und Geschöpfen den Menschen gegeben haben soll, so sollte jener Vormensch, der angeblich den Feuergebrauch für seine Art ersonnen haben soll, in Höhlen gelebt haben. Primaten halten sich nun aber normalerweise nicht in Höhlen auf; die einzige Ausnahme ist der das Feuer nutzende Mensch. Bei den als Spuren von Feuergebrauch interpretierten Schwarzfärbungen der Knochenreste in Makapansgat handelt es sich jedoch in Wirklichkeit auch lediglich um Manganausfällungen. Die frühesten Hinweise auf den kontrollierten Gebrauch von Feuer stammen tatsächlich aus Koobi Fora in Ost-Turkana und sind nicht älter als ca. 1,5 Millionen Jahre. Direkte Nachweise gelangen in Swartkrans in Südafrika, wo rund 1 Million Jahre alte Verbrennungsspuren an Knochen gefunden wurden. In einer detaillierten Studie wurde belegt, daß die Knochenreste an wenigen Orten in der Höhle Swartkrans konzentriert gefunden werden und an bestimmte stratigraphische Niveaus - bei der Ausgrabung erkennbare und unterscheidbbare Schichten - gebunden, also nicht zufällig verteilt sind. Aufgrund aktualistischer Vergleiche mit der Feinstruktur heutiger, bei definierter Temperatur erhitzter Knochen konnten die ungefähren Temperaturen abgeleitet werden, denen die fossilen Knochen ausgesetzt gewesen sein müssen. Diese lagen bei bis zu 500 Grad Celsius und damit zu hoch, um von einem Buschfeuer herrühren zu können. Es ist also sehr wahrscheinlich, daß es erstmals bereits dem frühen *Homo erectus* gelang, Feuer, dessen zerstörerische Kraft ihm gut bekannt gewesen sein muß, für sich nutzbar zu machen. Die Kontrolle des Feuers - als der ersten großen Energiequelle - war und ist bis heute jedoch nicht nur eine technische, sondern eine gleichermaßen gesellschaftlich zu regelnde Aufgabe. Man kann daher für den *Homo erectus* auf ein funktionierendes Sozialgefüge schließen. Hauptprobleme waren wohl nicht nur der gezielte Transport des Feuers und die damit verbundenen möglichen Gefahren, sondern vor allem auch die Kunst, das Feuer über längere Zeit am Brennen zu halten. Nicht nur die Wärme des Feuers war - vor allem später bei der Besiedlung kühlerer Kontinente - von Bedeutung, sondern auch der bessere Schutz vor wilden Tieren, die Möglichkeit Nahrung zu erhitzen, sie dadurch zu erweichen und lagerfähige Vorräte anzulegen. Hinzu kamen die Lichtwirkung des Feuers und die Bedeutung des Feuers für Geselligkeit. So wirkte sich die Beherrschung des Feuers ganz wesentlich auf das Zusammenleben der Frühmenschen an ihren Wohnstätten aus. Zwar sind die paläoanthropologischen Belege hierfür nicht gerade üppig, aber doch vorhanden.

27. Warum verloren die Menschen ihr Fell? Ein Fell besitzen wir Menschen nur noch auf dem Kopf, unter den Achseln und im Schambereich: Haare bedecken also nur noch die Teile unseres Körpers, die, wie der Kopf und unser Gehirn, entweder vor starken Temperaturschwankungen geschützt werden müssen, oder, wie die Schambehaarung, eine sexuelle Stimulanz erzeugen sollen - immerhin wird das Haarwachstum über die Geschlechtshormone gesteuert. Als erster Mensch ohne Haarkleid musste der *Homo habilis* - der geschickte/befähigte Mensch - durch die Weiten Afrikas streifen. Der Verlust des Felles machte für ihn und seine Sippenangehörigen Sinn, denn die zunehmende Beweglichkeit und raumgreifende Aktivität der Menschen erzeugte in den Muskeln Wärme, die nach außen abgeführt werden muß, um den Organismus nicht zu überhitzen. Die Entwicklung vom behaarten Urmenschen zum unbehaarten Frühmenschen war lebenswichtig, denn klettert die Körpertemperatur über die 43 Grad Celsius, kann ein Mensch sterben. Wir alle kennen den Zustand, daß wir bei sportlicher oder mentaler Anstrengung rot anlaufen: die äußeren Blutgefäße öffnen sich, und Wärme wird nach außen abgegeben; doch dieser Prozeß funktioniert nur, wenn die Umgebungstemperatur niedriger ist, als die eigene Körpertemperatur. Die Heimat vom *Homo habilis*, die Savannenlandschaften rund um den tropischen Regenwald, machte die Abgabe von Wärme an die tropisch-warme Umgebung nicht gerade einfach. Nachtaktivität wäre eine Möglichkeit gewesen, sich den veränderten Lebensgewohnheiten anzupassen. Doch die evolutionäre Lösung lag im Verlust des Haarkleides, der einher ging mit der Entwicklung von Schweißdrüsen am ganzen Körper. Warum dieser Prozeß einsetzte, läßt sich mit der Verdunstung von Wasser auf Fell gut erklären: Wenn Wasser verdunstet, entzieht es der Umgebung Wärme. Das Fell unserer Vorfahren bildete eine isolierende Luftschicht, vor allem dann, wenn mit Wasserdampf gesättigte Luft im Fell hängen blieb. Verdunstung war so nicht möglich und deshalb mußte das Fell reduziert und alsbald ganz abgestreift werden. Die ungeschützte Haut war damit allerdings der intensiven afrikanischen Sonneneinstrahlung ausgesetzt. Um die schädliche UV-Strahlung abzuhalten, erfand der Körper die Produktion von Melanin und damit die dunklere Hautfarbe, die es den Menschen ermöglichte, in diesen Breitengraden überhaupt überleben zu können.

28. Gab es «King Kong» in der Urzeit? King Kong ist der Inbegriff der Gigantomanie: Ein gigantischer Affe, der das Empire State Building in New York besteigt, um – wenn auch auf der Flucht – doch noch einmal die Frau seines Herzens ungestört in den Armen zu halten. Kein Wunder, daß *Giganthopithecus blacki*, der fossile Riesenaffe, nach der mehrfach verfilmten Hollywoodschnulze benannt wurde, war er doch mit einem Körpergewicht von 300 Kilogramm und einer Größe von bis zu 3,5 Metern ein imposanter Zeitgenosse des Pleistozän. Der bislang größte Primat war in weiten Teilen Asiens von Indien bis China verbreitet. Die nächsten heutigen Verwandten von *Giganthopithecus blacki* sind die Orang-Utans, die, wie ihre Urahnen auch, Blätter und Gräser zu ihren Leibspeisen zählen. Die Überreste des fossilen Großaffen fand man immer zusammen mit anderen Tieren wie Riesenpandas, Gibbons und Elefanten der Gattung *Stegodon*. Der für das Hollywoodspektakel ausschlaggebende Riesenwuchs war jedoch nur vorherrschend in isolierten Regionen der Erde. Inseln boten der urzeitlichen Fauna und Flora die Möglichkeit, gleichermaßen

Zwergformen und Riesen entstehen zu lassen. Aufgrund des limitierten Raums boten Inseln nur wenige Ressourcen und scheinen so auf den ersten Blick unattraktiver als das Festland. Der Vorteil des Lebensraums Insel liegt allerdings auf der Hand: Weniger (Futter-) Konkurrenz und weniger Feinde machten den Tieren das Leben und die Beute streitig. Diese Inselsituation führte in der Evolution zu einer interessanten Verschiebung der Größenverhältnisse: Große Tiere wie Elefanten und Flußpferde wurden kleiner, und kleine Tiere wurden oftmals größer. Während die Räuber des Festlandes Vögeln sprichwörtlich Flügel verliehen, um weiterhin geschützt nach Nahrung Ausschau halten zu können, waren Inselvögel im Vergleich zu Festlandvögeln viel größer und oftmals des Fliegens gar nicht fähig. Die dadurch «gesparte» Energie konnte in größere Eier und größeren Nachwuchs «gesteckt» werden. Großsäuger wie Elefanten dagegen erreichten Inseln schwimmend oder über Landbrücken. War ihr Weg zurück zum Festland abgeschnitten wie auf den Mittelmeerinseln Elba und Korsika, mußten sie eine Strategie entwickeln, um in dem neuen Habitat (Lebensraum), das weniger Platz und weniger Ressourcen bot, überleben zu können. Der Trend ging daher zum Zwergwuchs – denn geringere Nahrungsaufnahme verminderte die Energiezufuhr und damit auch das Wachstum. Wissenschaftlich bezeichnet man diesen Zwergwuchs als Insel-Nanismus. Bislang war man davon ausgegangen, daß sich dieser Nanismus ausschließlich auf Tiere auswirkte. Doch das Auffinden des Zwergmenschen *Homo floresiensis* auf der indonesischen Insel Flores zeigt, daß auch unsere Vorfahren Zwergformen ausbildeten, wenn sie in ihren Ressourcen beschnitten waren. Der indonesische Vorfahr maß höchstens einen Meter, war aber von seinen Körperproportionen vergleichbar mit seinem mutmaßlichen Urahn, *Homo ergaster*. Mit diesem Fund verdrängte ein neuer Urahn sogar den Neandertaler von seinem Thron. Er hatte bis vor 27 000 Jahren die einsame Position inne, als letzter Vertreter einer ausgestorbenen Menschenart sein Revier mit dem *Homo sapiens* geteilt zu haben. *Homo floresiens* schaffte es sogar noch weitere 9000 Jahre länger: Die einzigartigen Knochen aus Flores datiert man auf einer Alter von 18 000 Jahren.

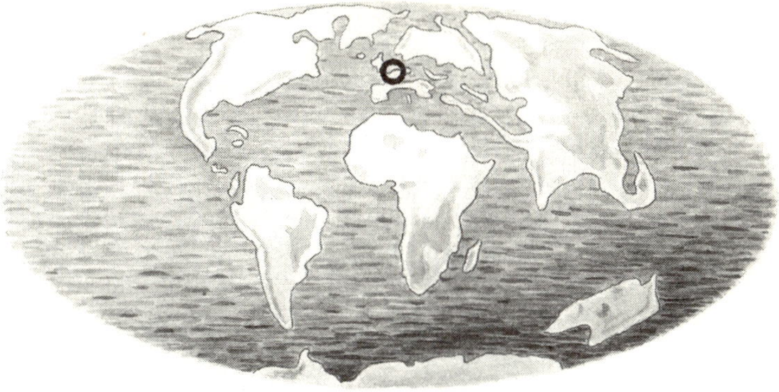

Abb. 4 Die Lage der Kontinente vor rund 23 Millionen Jahren war schon ähnlich wie heute. Noch sind die Reste des ehemaligen weltumspannenden Meeres, der Thethys, sichtbar. Zwischen Südeuropa und Nordafrika entstand ein langgestrecktes Becken: das Mittelmeer. Die indische Platte wurde auf den Südrand Asiens geschoben. Durch diese Kollision wurde das Himalaja-Gebirge herausgehoben. Nord- und Südamerika waren getrennt.

NEOGEN (vor 23 Millionen Jahren bis heute): Entstehung der modernen Artenwelt und der ersten Menschen

29. Was ist das Neogen? Der Übergang vom Paläogen zum Neogen vor ca. 23 Millionen Jahren verläuft vergleichsweise unspektakulär: kein Massenaussterben, keine Klimakatastrophen, und doch zeichnet sich der Beginn durch einen steten Wechsel von Kalt- und Warmzeiten aus, die fortan als Eiszeiten bezeichnet werden. Während des Miozän (23–5,5 Millionen Jahre) geschieht einiges in der Fauna und Flora: Wale nehmen vielfältige Formen an, es gibt Menschenaffen in Mitteleuropa, und auf dem Festland breiten sich Gräser und Kräuter aus; zu ihnen gesellt sich seit 20 Millionen Jahren eine ganz neue Pflanzenfamilie: die Korbblütler. Dazu zählen beispielsweise Gänseblümchen, Sonnen- und Pusteblumen, Astern und Kopfsalat. Circa 6 Millionen Jahre vor heute sinkt der Meeresspiegel dramatisch ab: 50 Meter Unterschied trennen das Mittelmeer vom Atlantik, und es entsteht im Mittelmeerraum das erste Trockenmeer, das sich erst zu Beginn des Pliozän wieder mit Meereswasser füllte. In der Geologie bezeichnet man die Austrocknung des Mittelmeeres als das «Messinische Ereignis». Doch nicht nur im Mittelmeerraum lassen sich die Folgen der drastischen Senkung des Meeresspiegels ablesen: Viele Landbrücken, die aus dem absinkenden Meer an die Oberfläche kamen, ermöglichen zwischen Afrika, Asien und Europa einen regen Faunenaustausch. Im heutigen Deutschland bilden sich im Miozän zwei große Krater – das Nördlinger Ries und das Steinheimer Becken. Die durch Meteoriteneinschläge geformten Vertiefungen bildeten alsbald Süßwasserseen. Eine weitere neue geographische Veränderung brachte im Miozän die Entstehung des Rheins mit sich. Seine ursprüngliche Quelle lag vermutlich im Kaiserstuhlmassiv. Der Ur-Rhein bot für zukünftige Fossilien beste Erhaltungschancen. So finden sich in den rheinhessischen Dinotheriensanden in der heutigen Fundstelle Eppelsheim Dinotherien-(Schreckenstier-)Fossilien und ein seltsames Huftier mit Krallenfüßen, das wie eine Mischung zwischen Pferd und Faultier aussah, 3 Meter Größe erreichte und auf den wissenschaftlichen Namen *Chalicotherium* getauft wurde. Weitaus beeindruckender noch als der damals nur recht kurze Rhein war die Entstehung des größten Vulkans in Deutschland. Mit einem Durchmesser von 60 Kilometern und einer Bedeckung von etwa 25 000 Quadratkilometer Vulkangestein entstand der Vogelsberg vor etwa 19 Millionen Jahren. Durch die Kollision der Afrikanischen mit der Eurasischen Platte kam es damals zu Grabenbildungen wie dem Oberrheingraben und zu einem recht aktiven Vulkanismus in Europa, wie beispielsweise in Deutschland auch der Westerwald, die Eiffel oder die Region um den Kaiserstuhl belegen. Am Beginn des Pliozän vor 5,33 Millionen Jahren erfuhr die Erde eine magnetische Umpolung – der Südpol war der magnetische Nordpol und umgekehrt. Ein Wechsel im Erdmagnetfeld kommt übrigens häufig vor, wie sich anhand alter Lavaströme nachweisen läßt, denn in erstarrender Lava richten sich magnetische Minerale nach dem Erdmagnetfeld aus und konservieren die herrschende Polarität. Ein Beweis für die wechselnden magnetischen Pole ist der kontinuierlich wachsende Ozeanboden entlang Mittelozeanischer Rücken; durch das Driften der Kontinente und das sich wechselnde Magnetfeld bildet er ein sich stetig veränderndes Streifenmuster von Gesteinen wechselnder magnetischer Polarität.

30. Wer gehörte zu unserer ausgestorbenen Verwandtschaft? Wir waren nicht alleine. Erst seit ca. 18 000 Jahren haben wir moderne Menschen alle anderen Menschenformen vollständig verdrängt, die einst mit uns auf der Erde lebten. Auch bei Hominiden war Vielfalt die Regel, die weltweite Verbreitung einer einzigen Hominiden-Art gibt es erst und nur beim modernen, von Kultur geprägten Menschen. Das vergangene Jahrzehnt gehört zu den glanzvollsten Zeiten in der Geschichte der Paläoanthropologie. Allerdings wurden mit der Vergrößerung der Familie afrikanischer Hominiden – unserer frühesten Vorfahren – die Verwandtschaftsverhältnisse recht unübersichtlich. Das Bild vom Stammbaum entwickelte sich zum Stammbusch. Zwar herrscht immer noch die Auffassung vor, die Evolution des Menschen hätte zielgerichtet und gradlinig von den Menschenaffen zum *Homo sapiens* geführt. Jedoch belegen gerade die Fossilien-Funde der letzten Jahre eine große Vielfalt an Vormenschentypen in der Frühzeit des Menschen.

Die frühesten Hominiden lebten in der Peripherie des tropischen Regenwaldes in Afrika und entwickelten – wahrscheinlich mehrfach unabhängig voneinander – den aufrechten Gang:

Sahelanthropus tchadensis (6–7 Mio. Jahre) (Tschad)
Ardipithecus kadabba (5,2–5,8 Mio. Jahre) (Äthiopien)
Orrorin tugenensis (6 Mio. Jahre): Lukeino (Kenia)

Die Vormenschen, deren Gehirn noch kaum größer war als das der Menschenaffen, bildeten mehrere geographische Varianten aus und verbreiteten sich erstmals über ganz Afrika:

Australopithecus bahrelgazali (3,5–3,2 Mio. Jahre) (Tschad)
Australopithecus anamensis (4,2–3,8 Mio. Jahre) (Kenia)
Kenyanthropus platyops (3,3 Mio. Jahre) (Kenia)
Australopithecus afarensis (3,7–2,9 Mio. Jahre) (Äthiopien, Tansania)
Ardipithecus ramidus (4,4 Mio. Jahre) (Äthiopien)
Australopithecus garhi (ca. 2,5 Mio. Jahre) (Äthiopien)
Australopithecus africanus (3–2 Mio. Jahre) (Südafrika)

Vor ca. 2,5 Mio. Jahren erfolgte eine Aufspaltung des Hominidenstammes in zwei sehr unterschiedliche, große Gruppen: die robusten Australopithecinen («Nußknackermenschen») (Gattung *Paranthropus*) und die Gattung *Homo*:

Paranthropus aethiopicus (2,6–2,3 Mio. Jahre) (Äthiopien), (Kenia)

Paranthropus boisei (2,5–1,1 Mio. Jahre) (Tansania), (Kenia), (Äthiopien), (Malawi)

Paranthropus robustus (1,8–1,3 Mio. Jahre) (Südafrika)

Homo rudolfensis (2,5–1,8 Mio. Jahre) (Malawi), (Kenia), (Tansania), (Äthiopien)

Homo habilis (2,1–1,5 Mio. Jahre) (Kenia), (Tansania), (Südafrika)

Aus den Urmenschen gehen vor 2 Mio. Jahren die Frühmenschen in Afrika hervor. Beim *Homo erectus* ist eine Zunahme des Gehirnvolumens feststellbar. Es beträgt bei den ältesten Schädeln (knapp 2 Mio. Jahre alt) ca. 800 – 900 ccm. Vor einer Mio. Jahren werden Werte von ca. 900–1000 ccm erreicht und vor 0,5 Mio. Jahren Werte von über 1100 –1200 ccm:

Homo ergaster (früher *Homo erectus*) (2–1,5 Mio. Jahre) (Kenia), (Äthiopien)

Homo erectus (1,5 Mio. – 500 000 Jahre) (Südafrika), (Tansania), (Kenia), (Tschad), (Algerien), (Äthiopien)

Wahrscheinlich gehen die ältesten Auswanderungen aus Afrika auf *Homo ergaster* oder *Homo rudolfensis* zurück:

Homo georgicus (1,8 Mio. Jahre) (Georgien)

Homo erectus (1,6 Mio. Jahre) (Spanien, Indonesien, China)

Homo floresiensis (18 000 Jahre) (Indonesien)

Spätere Expansionen aus Afrika führten zur Entwicklung von:

Homo heidelbergensis (800 000 – 400 000 Jahre) (Spanien, Deutschland, Frankreich, England, Italien) und *Homo neanderthalensis* (Europa, Westasien, Naher Osten)

Homo sapiens (seit 160 000 Jahren in Afrika, seit 100 000 Jahren im Nahen Osten, seit 60 000 Jahren in Australien, seit 35 000 Jahren in Europa, Asien, Südamerika, seit 12 000 Jahren in Nord-Amerika)

31. Warum sind wir alle Afrikaner? Afrika war die Wiege der Vor- und der Urmenschen; es gibt keinen einzigen Fossilienfund aus irgendeinem anderen Teil der Welt, der dies widerlegen könnte. Auch für die Frühmenschen *Homo erectus* ist der Ursprung in Afrika belegt, und für die modernen Menschen ist er höchstwahrscheinlich. Doch bis zu dieser Erkenntnis war es ein langer Weg. Bereits 1871 hatte Charles Darwin die Wiege der Menschheit in Afrika vermutet, jedoch wurden fossile Hominiden lange Zeit nur in Europa und in Asien gefunden. Erst 1924 gelang es späteren Forschern, seine These zu belegen: In Taung, Südafrika, bargen 1924 Steinbrucharbeiter einen fossilen Kinderschädel. *Australopithecus africanus*, was soviel bedeutet wie südlicher Affe aus Afrika, wurde alsbald der eher kritisch eingestellten Fachwelt vorgestellt. Das ca. 2 Millionen Jahre alte «Taung-Baby» ließ erkennen, daß das Lebewesen zwar bereits aufrecht gehen konnte, jedoch sein Gehirn nicht größer war als das von Schimpansen. Allerdings waren die Eckzähne im Vergleich zu Menschenaffen sehr reduziert, ein Zeichen für ein starkes Anwachsen des Sozialverhaltens, da die Eckzähne nicht mehr als Tötungsinstrumente dienen konnten. Zum damaligen Zeitpunkt der Forschung stieß diese Interpretation insgesamt zunächst auf Ablehnung und Ignoranz. Die grundlegende Erkenntnis jedoch, daß nicht das große Gehirn, sondern der aufrechte Gang den Beginn der Menschwerdung anzeigte, wurde seither durch eine große Anzahl weiterer Hominidenfunde im südlichen, östlichen und inzwischen auch im westlichen Afrika bestätigt. Vor rund 2,5 Millionen Jahren erfolgte eine Aufspaltung des Hominiden-Stammes in zwei sehr unterschiedlich große Gruppen, die robusten Australopithecinen (Gattung *Paranthropus*) und die Gattung *Homo*. Aus den Urmenschen gingen dann vor knapp 2 Millionen Jahren die Frühmenschen hervor. Die Ausbreitung unserer ältesten Urahnen, den frühen Vormenschen, in Afrika wurde stark von Klima- und den daraus resultierenden Vegetationsänderungen bestimmt. Vor 8 bis 9 Millionen Jahren verschwanden im östlichen Afrika die tropischen Regenwälder. In deren Randgebieten entstanden die ersten Vormenschen. In einer ersten Wanderbewegung vor ca. 3,5 Millionen Jahren breiteten sich einige Populationen entlang der Seen und Flüsse des Afrikanischen Grabens nach Süden aus, und entwickelten sich im südlichen Afrika zu *Australopithecus africanus*. Vor ca. 2,5 Millionen Jahren verengten sich aufgrund zunehmender Trockenheit die nahrungsreichen Lebensräume hin zum Äquatorialbereich. Einige Populationen von *Australopithecus africanus* breiteten sich daher passiv in Richtung Äquator aus, der *Homo habilis* entstand. Zur selben Zeit hatten sich im östlichen Afrika die robusten Australopithecinen und der *Homo rudolfensis* (so benannt nach einem Fundort am Rudolfsee, heute Tukanasee – der älteste Vertreter der Gattung *Homo*) entwikkelt. Vor ca. 2 Millionen Jahren wurde das Klima wieder feuchter und die nahrungsreichen Lebensräume expandierten, so daß der *Homo habilis* und die robusten Australopithecinen bis in das südliche Afrika vordrangen. Gleichzeitig verließ der frühe *Homo erectus* zum ersten Mal den afrikanischen Kontinent und gelangte bis nach Südostasien. Wegen der Eiszeit in Europa wurde unser Kontinent erst viel später besiedelt. Hier entwickelten sich die auf dieses Klima spezialisierten Neandertaler. Der moderne *Homo sapiens* verließ Afrika vor ca. 200 000 Jahren zuerst über die Arabische Halbinsel (Südroute) und über den Nahen Osten (Nordroute). Erst danach wurden Australien von Südostasien aus und Amerika über Alaska erstmals von Menschen besiedelt.

32. Warum laufen wir auf zwei Beinen? Die Antwort auf diese Frage ist in der Entwicklung des Klimas und der Lebensräume zu suchen, die vor 10 Millionen Jahren den Gürtel um West- bis Ostafrika prägten. Die Verbreitung der afrikanischen Menschenaffen war ursprünglich auf diesen Bereich begrenzt, bis im Mittel- und Spätmiozän, also vor 10 bis 7 Millionen Jahren, eine globale Abkühlung zu einer starken Abnahme der ehemals großen Waldgebiete führte. Aufgrund des aufsteigenden Grabensystems kam es zu lokalen Klimaveränderungen, die die Auswirkungen der globalen Abkühlung regional verstärkten. Vor ca. 8 bis 7 Millionen Jahren bestand im östlichen Afrika ein hoher Anteil an offenen Grasgebieten. Die Verschiebung der tropischen Waldgebiete begünstigte das Entstehen von Baumsavannen und eine stärkere Diversität (Vielfalt) der Lebensräume für Tiere und unsere frühesten Vorfahren, die Australopithecinen. Menschenaffenpopulationen siedelten von nun an in der Peripherie des Regenwaldes, nahe von Busch- und Flußlandschaften. Diese «Uferzonen-Habitate» waren das ideale Entstehungsgebiet für den aufrechten Gang. Die so genannte «Ufer-Hypothese» des Berliner Anthropologen und Humanbiologen Carsten Niemitz geht davon aus, daß in diesen Lebensräumen Menschenaffen Nahrung in seichten Gewässern suchten. Da Menschenaffen nicht schwimmen können, stehen sie im Wasser auf zwei Beinen und bewegen sich auf zwei Beinen fort. Hierdurch wird dieser – an Land noch sehr wackelige – aufrechte Gang stabilisiert, bevor er sich dann auch als Fortbewegung an Land durchsetzt. Das Laufen auf zwei Beinen hat jedoch nicht nur bei der Nahrungssuche im Wasser Vorteile: Das Tragen von Nahrung wurde effizienter und die geringere Wärmeaufnahme durch den Körper in unbewaldeten Gegenden – eine kleinere Körperfläche war den Sonnenstrahlen von oben und der Wärmeabstrahlung von der Erde ausgesetzt – machte unseren Vorfahren das Leben angenehmer. Bei einer geographischen Ausdehnung der Uferzonen-Habitate – rund um den schrumpfenden tropischen Regenwald – von wenigstens 5 Millionen Quadratkilometern ist es jedoch unwahrscheinlich, daß nur eine einzige Form des aufrechten Gangs entstand. Vielmehr ist anzunehmen, daß sich unterschiedliche geographische Varianten frühester zweibeiniger Vormenschen entwickelten. Diese Annahme wird durch die geographische Lage und die Diversität der drei ältesten Funde aufrecht gehender Vormenschen unterstützt: In den sechs Millionen Jahre alten Schichten Kenias wurde zum Beginn des neuen Millenniums der 6 Millionen Jahre alte aufrecht gehende «Millenium Mensch» (*Orrorin tugenensis*) entdeckt. Kurz darauf kamen in Äthiopien Funde von *Ardipithecus kadabba* (5,8–5,2 Millionen Jahre) zum Vorschein. Diese unerwarteten Belege aus der Anfangszeit der Vormenschen bekamen kurz darauf spektakulären Zuwachs: Michel Brunet und das Team der Mission «Paléoanthropologique Franco Tchadienne» entdeckten die mit knapp sieben Millionen Jahren bislang ältesten Hominidenreste (*Sahelanthropus tchadensis*) im Tschadbecken. Bei allen Fossilien fiel auf, daß die Arme eher lang, die Beine hingegen recht kurz waren. Alle Fragmente zeigen Hinweise auf den damals bereits etablierten zweibeinigen Gang. Auch wenn Wissenschaftler den Tschad-Fund aufgrund seines hohen Alters für das lang gesuchte «missing link» – das fehlende Bindeglied – halten, so beweist dieser bei vergleichender Betrachtung mit den anderen Funden wahrscheinlich das Gegenteil: Es gab nicht das eine «missing link», sondern viel wahrscheinlicher ist eine Verflechtung unterschiedlicher geographischer Varianten der ersten aufrecht gehenden Vormenschen in Zeit und Raum entlang der Grenzen des tropischen Regenwaldes.

33. Wann begannen Menschen zu manipulieren? Manipulation ist der Beginn kultureller Entwicklung. In der Geschichte der Menschheit läßt sich der Übergang von der biologischen zur biokulturellen Evolution zeitlich und geographisch gut eingrenzen. Der Beginn der kulturellen Exploration – des Ausprobierens neuer Strategien, das Leben zu sichern und zu optimieren – stand im Zusammenhang mit einer Phase zunehmender Trockenheit im östlichen und nordöstlichen Afrika vor circa 2,8 bis 2,5 Millionen Jahren. Die beiden damals lebenden Hominiden-Arten, *Australopithecus robustus* und *Homo rudolfensis*, lösten die anstehenden Umweltprobleme jedoch nicht durch Abwanderung in andere Gebiete mit besseren Lebensbedingungen: Die robusten Australopithecinen entwickelten vielmehr einen verstärkten Kauapparat, und *Homo rudolfensis* erfand die ersten Werkzeuge. Mit dieser wegweisenden Erfindung der Manipulation eines Gegenstandes geht die Spaltung des bis dato recht einheitlichen Hominidenstamms in zwei Linien einher. Der älteste Nachweis für die Trennung, die vor etwa 2,6 bis 2,4 Millionen Jahren stattfand, stammt aus Nordmalawi. Während die erfolgreichere Linie zum *Homo sapiens* führte, starb die andere mit den robusten Australopithecinen vor ca. 1 Million Jahren aus. Allen robusten Vormenschen sind wesentliche Merkmale in der Konstruktion des Schädels und der Bezahnung gemeinsam. Am auffälligsten ist die Ausbildung eines Scheitelkammes an der Oberseite des Schädels aufgrund stark vergrößerter seitlicher Kaumuskulatur. Diese Merkmale und auch die megadonte (großzähnige) Bezahnung deuten darauf hin, daß vor allem harte und grobe pflanzliche Nahrung, zum Beispiel Samen und harte Pflanzenfasern zerkaut wurden. Der erste Manipulator läßt sich mit einem 2,5 Millionen Jahre alten Unterkiefer aus Uraha in Malawi belegen. Aus der Gleichzeitigkeit der Entstehung der robusten Australopithecinen und der Gattung Homo zu dieser Zeit kann geschlossen werden, daß es zur Entwicklung des Kauapparates der robusten Australopithecinen eine Alternative gab, die ebenfalls geeignet war, die bei steigender Trockenheit zunehmend härtere Nahrung zu zerkleinern. Mit dieser Alternative beginnt die Geschichte der Werkzeugkultur. Die ältesten Steinwerkzeuge stammen aus Äthiopien und Tansania. Wenig östlich der Hominidenfundstellen von Hadar in Äthiopien bei Gona wurden sehr ursprüngliche Geröllwerkzeuge entdeckt, die ca. 2,6 Millionen Jahre alt sind. Auch neue Funde am Westufer des Turkana-Sees bestätigen, daß vor ca. 2,5 Millionen Jahren die ersten Werkzeugkulturen etabliert waren. Zwar sind Hilfsmittel im Tierreich und vor allem bei den höheren Primaten weit verbreitet, unter dem Druck der Umweltänderungen vor 2,5 Millionen Jahren war es aber gerade die Fähigkeit der Hominiden zu kulturellem Verhalten, also zur Herstellung dieser Werkzeuge, die unsere eigene Gattung Homo entstehen ließ. Die zunehmende Unabhängigkeit vom Lebensraum führte allerdings zu zunehmender Abhängigkeit von den Werkzeugen, bis heute ein charakteristisches Merkmal des Menschen.

34. Sind Menschen Affen? Nein, auch wenn heutige Schimpansen und wir Menschen vor etwa 8 Millionen Jahren gemeinsame Vorfahren hatten, stammen wir nicht von den heute lebenden Affen ab. Die Geschichte der Primaten ist allerdings viel älter als die Geschichte der gemeinsamen Wurzeln von Affen und Menschen: Sie beginnt bereits zu Zeiten der Dinosaurier vor etwa 80 Millionen Jahren und hat ihren ersten wissenschaftlich nachweisbaren Höhepunkt im Eozän vor 55–33 Millionen Jahren. Aus dieser Zeit lassen sich erstmals echte Halbaffen als fossile Reste in dem Ölschiefer der Grube Messel bei Darmstadt nachweisen. Auch die Wurzeln der höheren Primaten, der Anthropoidea, reichen soweit zurück. Im Oligozän, vor 33–23 Millionen Jahren, finden sich in Nordafrika und in Südamerika fossile Belege für eine erste Entwicklungsphase der anthropoiden Primaten. Die Altweltaffen und die Menschenaffen sind stammesgeschichtlich seit etwa 20 Millionen Jahren voneinander getrennt. Wann und wie die modernen Menschenaffen entstanden, die heute in Asien und in Afrika verbreitet sind, bleibt bislang ungeklärt. Die Unterschiede der Menschenaffen von den Altweltaffen werden vor allem im Gebiß, in der Fortbewegung und der Skelettanatomie deutlich. Die Nahrungsquellen sind ähnlich; auch die Menschenaffen bevorzugen Früchte und Blätter. Während sich jedoch die leichten Altweltaffen auf den Zweigen mühelos bewegen und dabei Nahrung greifen können, hängen die schweren Menschenaffen an den Zweigen oder sitzen auf ihnen, um sich in stabiler Lage die Nahrung zu angeln. Anatomisch äußern sich diese Unterschiede in einem eher gedrungenen Körperbau und einem fehlenden Schwanz beim Menschenaffen. Allerdings sind ihre Arme besonders lang und beweglich, im Ellenbogengelenk streckbar und im Unterarm mehr als 180 Grad drehbar. Im frühen Miozän, 23–16 Millionen Jahre, existierten in Ost- und Nordafrika eine Vielzahl verschiedener Affen- und Menschenaffenarten. Zu den fossilen Menschenaffen dieser Zeit gehört beispielsweise die Gattung *Proconsul*, von der zahlreiche fossile Reste sowohl des Skeletts als auch des Schädels in Kenia gefunden wurden. Diese großen Menschenaffen gehören zu den sogenannten Dryopithecinen, die von Afrika aus via Landverbindung vor spätestens 14 Millionen Jahren nach Europa vordrangen und vor ca. 10 Millionen Jahren hier – wahrscheinlich aufgrund klimatischer Veränderungen – wieder ausstarben. Die Dryopithecinen standen den modernen Menschenaffen wohl recht fern, aber von den modernen Menschenaffen,

Abb. 5 *Pierolapithecus catalaunicus* heißt der gemeinsame Vorfahre aller Menschenaffen. Seine fossilen Überreste wurden 2003 in Katalonien entdeckt. Zwar stammen die Menschenaffen aus Afrika, aber da gegen Ende des Miozän eine Landverbindung zwischen Afrika und Europa bestand, verbreiteten sich die Menschenaffen bis nach Europa. *Pierolapithecus* hatte eine sehr kräftige Lendenwirbelsäule und konnte sich aufrichten. Die Fähigkeit zum Hangeln war allerdings kein gemeinsames Merkmal der Menschenaffen, sondern ist mehrmals unabhängig voneinander entstanden.

die im Mittel-Miozän (16–11 Millionen Jahre) entstanden sein müssen, war bis vor kurzem weder in Afrika noch in Europa etwas zu sehen. Der Fund des *Pierolapithecus catalaunicus* in Katalonien belegte jedoch 2003, daß es die Ursprungsgruppe der modernen Menschenaffen in Afrika vor und zu dieser Zeit sehr wohl gegeben haben muß. Man hat sie dort lediglich bislang noch nicht entdeckt, aber ihr spanischer Abkömmling spricht Bände. Zum ersten Mal werden einige wichtige Körpermerkmale der modernen Primaten sichtbar. Die Versteifung der Lendenregion etwa war bei der Aufrichtung des Körpers hilfreich, und eine wichtige historische Vorbedingung für die Entwicklung des aufrechten Ganges der frühesten Vormenschen 7 Millionen Jahre später. Obwohl das Gesicht von *Pierolapithecus* das eines modernen Menschenaffen ist, sind die Hände zwar sehr beweglich, die Finger aber kurz. Demnach gehört das aufrechte Klettern zu den gemeinsamen Grundmerkmalen der modernen Menschenaffen, das Hangeln jedoch, das bislang auch dazu gezählt wurde, wäre mehrmals unabhängig voneinander entstanden.

35. Wann gab es den ersten Frühling? Die Entstehung von Jahreszeiten, wie wir sie heute kennen, ist ein großer Schritt in der Geschichte der Erde. In Afrika traten jahreszeitliche Wechsel erstmals vor ca. 8 Millionen Jahren auf. Damals kühlte das Klima weltweit ab, und in Afrika nahmen mit zunehmender Trockenheit die tropischen Regenwälder ab. Die afrikanischen Jahreszeiten wechseln zwischen trocken und feucht. Die europäischen Jahreszeiten wechseln zwischen kalt und warm. Auch ist unser europäischer Frühling erdgeschichtlich sehr viel jünger. Erstmals gab es einen Frühling im Pleistozän. Grasländer breiteten sich aus, Weidetiere, Pflanzenfresser und Singvögel entstanden und begrüßten den noch jungen jahreszeitlichen Wechsel des Klimas und der Flora. Mit dem Wort Frühling verbinden wir heute die Erinnerungen an eine jährlich wiederkehrende Jahreszeit, in der Pflanzen zu blühen beginnen, das Gras grünt und die ersten Frühjahrsvögel zwitschernd die wärmere Temperatur willkommenheißen. Mit damals 10 000 unterschiedlichen Vogelarten machten vor allen Dingen die Passeriformes, die Singvögel, ihrem Namen alle Ehre. Zu den heutigen Nachfahren dieser ersten Singvögel zählen Amseln, Spatzen und Finken, aber auch die Rabenvögel. Ein trockeneres und kühleres Klima begünstigte im Pleistozän die weitere Ausbreitung der Graslandschaften, die man mit heutigen Steppenlandschaften vergleichen kann. Die gemäßigten Graslandschaften verdrängten alsbald die Tropenwaldzone, die sich im Neogen noch bis in hohe Breitengrade erstreckte. Der Beginn des Frühlings und der sich ausdehnenden Graslandschaften brachte für Pflanzenfresser den erforderlichen Wandel mit sich, daß sie sich kräftige, hochkronige Backenzähne zulegen mußten, um der im Gras vorhandenen Oxalsäure, welche die Zähne stark in Anspruch nimmt, standzuhalten.

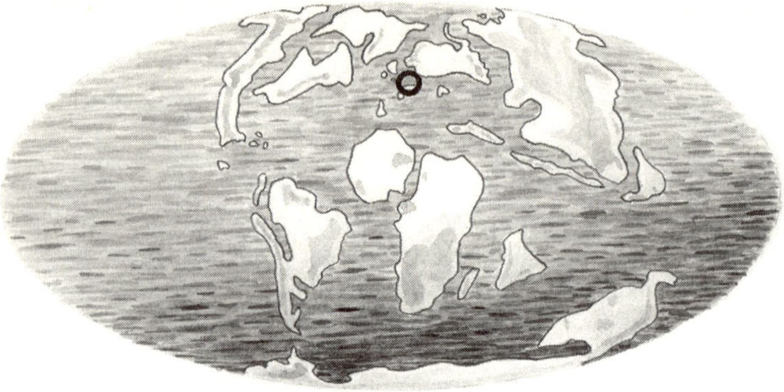

Abb. 6 Die Kontinente vor 57 Millionen Jahren: Europa lag am nördlichen Ufer des weltumspannenden Thethys-Meers. Die Bestandteile des Südkontinents Gondwana waren auseinandergedriftet. Indien bewegte sich Richtung Norden. Australien löste sich von der Antarktis.

PALAEOGEN (vor 65,5 bis 23 Millionen Jahren vor heute): Das Zeitalter der Säugetiere beginnt

36. Was geschah im Paläogen? Das Paläogen umfaßt den älteren Abschnitt des Tertiärs. Der Name Tertiär stammt von der ehemaligen, heute nicht mehr gebräuchlichen Einteilung der Erdschichten in Primär, Sekundär, Tertiär und Quartär. Das Paläogen wird heute in folgende Abschnitte unterteilt: Paläozän (65,5–55 Millionen Jahre), Eozän (55–34 Millionen Jahre) und Oligozän (34–23 Millionen Jahre). Als die wohl bemerkenswerteste Änderung in diesem Erdzeitalter vollzieht sich im Eozän die Abtrennung Australiens von der Antarktis. Dadurch änderte sich die Meeresströmung und die Antarktis wurde von kälterem Wasser umströmt, was zu weitreichenden Vereisungen und weltweit sinkenden Temperaturen führte.

In der Tierwelt erreichten Vögel ihren modernen Entwicklungsstand, so gab es aber unter anderem auch fleischfressende Laufvögel in Europa und Südamerika, die heute ausgestorben sind. Als größte Nutznießer des Massensterbens der Kreidezeit vor 65 Millionen Jahren gehen die riffbauenden Korallen hervor, die die «ökologische Nische» der Rudisten (riffbildende Muscheln) übernahmen, und seither die Meere beherrschen. Zur gleichen Zeit entwickelten sich die heute im Wasser lebenden Wale aus fleischfressenden Landsäugetieren und die Haifische übernahmen die Nische der Meeressaurier. Diese frühen Haie kann man als recht nahe Verwandte der heutigen Haie ansehen: Der riesige Urhai *Carcharodon megalodon* übertraf mit einer Länge von 25 Metern bei weitem den heutigen *Carcharodon carcharias*, den berühmt-berüchtigten weißen Hai mit einer Körperlänge von nur 7 Metern. Außer den Walen entdeckten auch andere Säuger den marinen Lebensraum: Flossenfüßige Raubtiere, zu denen heute Seehunde, Robben und Walrosse gehören, entstanden im Paläogen. Eine tiefgreifende Änderung in Umwelt und Ernährung von Wiederkäuern, Pferden und Elefanten stellten damals nachwachsende Gräser dar, die in dieser Zeit aufkommen und zum Leidwesen aller heutigen Allergiker die Windbestäubung zur Fortpflanzung entwickelten.

Mit den Paarhufern und Unpaarhufern, Rüsseltieren, Raubtieren, Nagetieren und Fledermäusen entstanden im Eozän fast alle heutigen Großgruppen der Plazenta-Säugetiere – jener Säugetiere, die einen Mutterkuchen zur Versorgung des Embryos entwickelten. Starke Temperatursenkungen im Oligozän (34–23 Millionen Jahre) verursachten dann ein Massensterben sowohl in der Fauna als auch in der Flora, da die paratropischen (tropenähnlichen) Regenwälder nach und nach durch Grassteppen ersetzt wurden.

37. Was ist das Geheimnis von Bernstein? Der Name des bereits vor 5000 Jahren als Schmuckstein bekannten Bernsteins stammt aus dem Mittelhochdeutschen: Börnste(i)n bedeutet brennbarer Stein, während die lateinische Bezeichnung *Succinum* auf den flüssigen Ursprung des Bernsteins verweist: Succinum bedeutet Saftstein. Während es sich bei den meisten aller Fossilien um Leicheneinbettung handelt, birgt Bernstein einen bei der Einbettung noch lebenden Organismus. Bei der dreidimensionalen Erhaltung von Insekten im antibakteriellen Bernsteinharz werden sogar Verhaltensäußerungen der eingeschlossenen Lebewesen sichtbar. Das fossile Baumharz ist ein zähflüssiges Gemisch aus natürlichen Polymeren (langkettigen Molekülen) und ätherischen Ölen, zum Beispiel Terpentin. Zumeist wird das Harz von Nadelbäumen gebildet; nur einige wenige Bedecktsamer bilden Harze, die erst bei einer Verletzung des Baumes wie Blut auslau-

Abb. 7 Langhalsig, kamelähnlich und mit Elefantenfüßen ausgestattet: Charles Darwin, der Finder der fossilen Art *Macrauchenia* in Patagonien, mutmaßte, daß diese Tiere sowohl Gras- als auch Laubfresser in der südamerikanischen Pampa waren. Aufgrund der Insellage Südamerikas entwickelte sich im Neogen eine völlig eigene Tierwelt, die jedoch nach dem Zustandekommen der Verbindung mit Nordamerika sehr schnell unterging.

fen und die Wunde verschließen. Der Duft der ätherischen Öle lockte Tiere und Insekten an, die dem Harz buchstäblich auf den Leim gingen. Durch seine antibakterielle Wirkung war Baumharz bereits im alten Ägypten bekannt; dort wurde es bei der Mumifizierung von Leichen eingesetzt. Doch zurück zum Bernstein. Das ausgehärtete Harz wurde von Sedimenten bedeckt und erfuhr durch Druck und Temperaturanstieg eine chemische Umwandlung. Wie genau Harz zu Bernstein wurde, ist bislang jedoch weitgehend unbekannt. Gehärtet überlebt Bernstein jedenfalls sehr lange: Aus der Dominikanischen

Republik sind Gliederfüßler in Bernstein mit einem Alter von 30 Millionen Jahren bekannt. Da Bernstein keine Mineralien enthält, kann man solche Funde allerdings nicht absolut, sondern mit Hilfe von Leitfossilien datieren. Die älteste Ameise jedenfalls ist in Bernstein konserviert, der aus kreidezeitlichen Einschlüssen stammt. Der berühmte baltische Bernstein stammt aus dem Eozän, dem Zeitalter der großen Harzkieferwälder. Als der Meeresspiegel anstieg und die Gebiete Nordostdeutschlands und der skandinavischen Halbinsel bis ins östliche Baltikum überflutete, wurde das erstarrte Harz einsedimentiert und zu Bernstein umgewandelt. Während der Eiszeit erwachte der Bernstein aus seinem Dornröschenschlaf und wurde im Gletscherstrom bis in den Osten Rußlands, den Westen Hollands, an die englische Küste und in den Süden der deutschen Mittelgebirge abtransportiert. Aus den Bernsteineinlagerungen stammen bedeutende Funde wie beispielsweise der älteste Gecko, Wasserwanzenlarven, Spinnen und eine Insektengruppe, die man nur fossil aus den baltischen Bernsteinen kannte, jetzt aber auch lebend in Afrika entdeckte: die Mantophasmodea oder Gladiatoren. Die Bernsteinvorkommen der Ostsee sind zwei verschiedenen Zeitepochen zuzuordnen, die sich auch bezüglich des Paläoklimas voneinander unterscheiden. Die Vorkommen im Samland unterscheiden sich von denen in Dänemark durch ein höheres Alter und durch eine vom wärmeren Klima geprägte Umwelt.

38. Warum gab es Riesenfaultiere in Südamerika? Nach der Abtrennung von Westaustralien und der Überflutung Mittelamerikas blieb Südamerika für annähernd 40 Millionen Jahre von Nordamerika und damit auch von Asien und Europa isoliert. Die Inselstellung hatte für sich, daß es in der Tierwelt weder Raub- und Rüsseltiere noch Unpaarhufer oder Menschenaffen gab. Südamerika besaß eine gemischte Population aus Plazenta- und Beuteltieren, von denen die Plazentalier-Gruppe der Zahnarmen, Edentata, eine besondere Stellung einnahmen: Zu ihnen gehörten die Panzertiere, Faultiere und die ausgestorbenen Riesenfaultiere. Heutige Gürtel- und Schuppentiere sind die Nachfahren der Panzertiere, die in der Urzeit gigantische Vertreter wie beispielsweise das Kleinwagen-große Riesengürteltier *Glyptodon* hervorgebracht haben. Ähnlich wie die Keulenschwanzsaurier, die Ankylosaurier, besaßen diese Riesengürteltiere mit Keulen und Stacheln ausgestattete Schwänze. Die Zähne der Glyptodonten waren kräftig und auf das Zermahlen von Gras spezialisiert. Die Wurzeln der

Backenzähne lassen vermuten, daß die Zähne ständig nachwuchsen. Faultiere entwickelten sich im unteren Eozän vermutlich aus Baumbewohnern. Diese Blattfresser teilten sich in zwei Lebensformen: einmal die kleineren Baumbewohner und dann die riesigen Bodenbewohner, darunter Riesenfaultiere mit langen Krallen und einer Körperlänge von bis zu sieben Metern. Riesenfaultiere drangen nach der Neuentstehung einer Landbrücke bis nach Nordamerika vor und überlebten dort immerhin bis zum Ende der letzten Eiszeit vor 11 800 Jahren. Neben diesen Säugergiganten gab es auch andere Riesen wie beispielsweise die flugunfähigen Riesenkraniche, die sich räuberisch ernährten und damit die Lücke der Beutegreifer ausfüllten.

39. Wie entwickelten sich die Beuteltiere in Australien? Eigentlich sprechen die Fossilien der Marsupialia (Beuteltiere) eine ganz andere Sprache: Sie weisen auf einen *nordamerikanischen* Ursprung dieser Säugetiergruppen hin. Trotzdem ist auch die Herkunft der australischen Beuteltiere interessant. Zwar sind diese Funde nicht so alt wie die entsprechenden Fossilien Nordamerikas, doch starben dort die Beuteltiere am Ende der Kreidezeit aus und in Australien überlebten sie bis heute. Man vermutet, daß die Tiere über Südamerika und die Antarktis bis nach Australien einwanderten und nur eine einzige Gründerart der Beuteltiere von Südamerika nach Australien vordrang, um die heutige Beuteltierpopulation Australiens zu bilden. Eine der besten Fossilienfundstätten für die Erforschung der Fauna und Flora des späten Oligozäns in Australien ist der Riversleigh-Steinbruch in Queensland. Aus seinen Schichten wurden gigantische Kängurus, Wombats wie *Diprotodon*, das mit 3 Metern größte Beuteltier aller Zeiten, Beutellöwen (*Thylacoleo*) und Beutelwölfe (*Thylacinus*) geborgen. Beutellöwen waren kräftig gebaute Tiere mit ungewöhnlich langen, Furcht einflößenden Schneidezähnen und klingenartigen Backenzähnen. Die Vorherrschaft von Beuteltieren in Australien im Vergleich zu den Plazentatieren des Festlandes drückt sich in Tierkonstruktionen aus, die sich parallel zu denen der Plazentatiere entwickeln: Gab es anderswo «normale» Plazentalier-Maulwürfe und Ameisenbären, so entwickelten sich in Australien Beutlerversionen davon. Die Kängurus übernahmen zwar die ökologische Stellung der Huftiere, bislang ist allerdings rätselhaft, warum es keine Beuteltiere mit Hufen gegeben hat. Ein Grund hierfür könnte in der Fortpflanzungsweise der Marsupialia liegen: Junge Beuteltiere werden unfertig geboren

Abb. 8 Känguruhratten wie *Hypsyprimodon*, links, waren im artenreichen Tiefland-Regenwald zu Hause, der sich fossil in der australischen Fundstelle Riversleigh erhalten hat. Die Pflanzenfresser konnten auf eine sehr üppige Vegetation zurückgreifen. Daher ist es verständlich, daß nur wenige Beutegreifer gefunden wurden, wie etwa der katzengroße Beutellöwe *Priscileo*, rechts. Die Fundstelle Riversleigh war übrigens die erste paläontologische Fundstelle, deren Bedeutung durch die Aufnahme in die Weltkulturerbeliste der UNESCO bestätigt wurde.

und brauchen, um klettern zu können, ihre bereits zu diesem Zeitpunkt gut entwickelten, breiten, fünffingrigen Hände; eine Umwandlung dieser Hände in schlanke Hufe ist während der Embryonalentwicklung nicht mehr möglich. Daß Australien eine Sonderstellung in der Evolution der Tiere einnimmt, liegt alleine in der isolierten Lage des Kontinents begründet. Aus der Zeit der Riesenraubbeutler haben bis heute der Tüpfelschwanzmarder und der Tasmanische Teufel überlebt. Futterkonkurrenz erwuchs ihnen erst mit dem Auftreten des *Homo sapiens* in Australien: Vor 40 000 - 60 000 Jahren wurden die Dingos durch die Aborigines und dann vor 200 Jahren die Haus- und Nutztiere durch die Europäer eingeführt. Jeder eingeschleppte Neuzugang hatte jedoch verheerende Folgen für das australische Ökosystem, fehlten diesen doch natürliche Feinde, die ein Überborden dieser Tiergruppen hätten verhindern können.

40. Wie erreichten Primaten und Nagetiere Südamerika? Afrika und Südamerika waren seit dem Ende der Kreidezeit soweit voneinander getrennt, daß Landsäugetiere sich nicht mehr direkt von einem zum anderen Kontinent ausbreiten konnten. Dennoch tauchten im Zeitraum von vor 50 - 30 Millionen Jahren in Südamerika erstmals Primaten und Nagetiere auf, die es dort bis dahin nicht gegeben hatte. Auffällig ist, daß die ältesten dieser Fossilien große Ähnlichkeit mit afrikanischen Funden aufweisen - trotz Tausender Kilometer Entfernung zwischen Südamerika und Afrika. Kein einziger Fossilienfund belegt eine Ausbreitung dieser Tiere über Europa, Asien und die Beringstraße nach Nord- und Mitteleuropa. Daher nimmt man an, daß die Vorfahren der Neuweltaffen und der Meerschweinchen und ihre nagenden Verwandten ihren Weg nach Südamerika via Treibholztransport gefunden haben. Da die Meeresströmung nur in eine Richtung - nach Westen - ging, spricht man von einem einseitigen Faunenaustausch.

Zweiseitig wurde der Austausch der Tierwelt erst durch die vor etwa 3 Millionen Jahren entstandene Landbrücke zwischen Nord- und Südamerika: Opossums, Gürteltiere, Glyptodonten, Riesenfaultiere und Stachelschweine zogen gen Norden, während Waschbären, Kaninchen, Hunde, die elefantenähnlichen Mastodons, Pferde, Berglöwen und Rehe gen Süden wanderten. Die Urbeuteltiere Südamerikas waren bereits vor der Bildung der Landbrücke zwischen Nord- und Südamerika auf ihrem Rückzug. Nordamerikas Beuteltiere, wie das zur Landplage gewordene Opossum, vermehrten sich dagegen immer weiter.

41. Wann wurden Hufe und Echolot modern? Hufe und Echolot waren «Erfindungen» der modernen Säugetiere, die sich im Eozän entwickelten. Ein Paradebeispiel der rasanten Entwicklungen dieser Zeit sind die Huftiere, die mit der Entwicklung des Prototyps Pferd vom kleinen Wald bewohnenden Blattfresser zu den Steppen bewohnenden Grasfressern die ganze Bandbreite evolutionärer Veränderungen abdecken. Heute werden Huftiere in Paar- und Unpaarhufer unterteilt. Paarhufer wie Schafe, Kamele oder Flußpferde weisen eine gerade Anzahl an Hufzehen auf. Zwei von ihnen tragen das Hauptgewicht des Körpers, zwei stabilisieren die seitliche Last. Unpaarhufer wie Pferde oder Nashörner tragen ihr Hauptgewicht auf einer oder drei Hufzehen, also auf einer ungeraden Anzahl.

Der Vorteil von Hufen liegt darin, daß der Fuß insgesamt leichter ist und beim Vor- und Zurückschwingen weniger Energie verbraucht wird, was dazu führt, daß der Fuß in einer höheren Frequenz bewegt werden kann und so schnelles Laufen oder gar Rennen ermöglicht. Während des Oligozäns wuchsen Unpaarhufer zu gewaltigen körperlichen Dimensionen heran: *Indricotherium*, ein Tier, das in Zentralasien und China gefunden wurde, wies eine Schulterhöhe von fast fünf Metern auf und war geschätzte 14 Tonnen schwer. Auch wenn es verwunderlich klingt und wir heute mit dem Begriff Huftiere nur friedlich grasende Tiere assoziieren, gab es damals sogar Raub-Huftiere. Aus den fleischfressenden Vorfahren der Huftiere gingen die Wale hervor.

Zahnwale tauchten dann zum ersten Mal im Eozän auf und entwickelten den typischen, melonenartigen Schädel vor ungefähr 23 Millionen Jahren. Die Besonderheit dieses Schädelvorbaus ist ein Fettgebilde, das, wie eine Linse, Ultraschalltöne bündelt, mit denen sich das Tier über Echolot orientiert und mit anderen Tieren kommuniziert. Bis zur Perfektion herausgebildet hat sich die Echoortung im Laufe ihrer Evolution bei den Fledermäusen: Als fliegende Beutegreifer müssen sie den Abstand zu ihrem Opfer abschätzen können, um im geeigneten Moment zuzupacken. Zwar sind Fledermausfossilien aufgrund der Fragilität der Knochen selten, doch bieten Funde, die sich im Ölschiefer der Grube Messel erhalten haben, Einblick in die Entwicklung dieser höchstspezialisierten Säugetiergruppe. Bis auf geringe Abweichungen in der Anatomie der Ohren gibt es kaum Unterschiede zwischen rezenten und fossilen Fledermäusen. Man nimmt an, daß die damals kleineren Innenohren zwar zur Echoortung befähigt waren, jedoch nur zur Hindernisvermeidung eingesetzt wurden und nicht zur komplizierten Jagd.

42. Weshalb gab es Krokodile und Ameisenbären in Mitteleuropa?

Als Hessen am Äquator lag, wuchsen in ganz Mitteleuropa Lorbeergewächse, Magnolien, Mammutbäume und Palmen. Die fossile Flora im Paläogen weist auf ein extrem warmes Klima hin, das man heute nur noch in den Tropen und den Subtropen antrifft. Kein Wunder, daß sich in der tropischen Pflanzenwelt Krokodile und Ameisenbären heimisch fühlten. Die 47,5 Millionen Jahre alten Schichten der Fundstelle Grube Messel bei Darmstadt gibt mit ihren perfekt erhaltenen Organismen einen Einblick in den jahreszeitlichen Wandel der Tropen in Mitteleuropa. Als «tropisch» bezeichnet man heute ein Klima mit extrem geringen jahreszeitlichen Schwankungen, die unter den täglichen Temperaturunterschieden liegen. Die heutigen Tropen liegen auf einem niedrigeren Breitengrad, nahe dem Äquator und erfahren deshalb kaum jahreszeitliche Unterschiede in der Bestrahlungsstärke der Sonne. Anders sieht es aus, wenn man sich in hohe Breitengrade begibt: Dort gibt es Jahreszeiten, wie sie für das paratropische Eozän, einem Teilabschnitt des Paläogen, in Mitteleuropa typisch waren. Hessen lag zu diesem Zeitpunkt ungefähr auf dem 38. Breitengrad, wie heute die spanische Insel Mallorca. Heute liegt die Grube Messel in Höhe des 50. Breitengrades. Neben der Lage war jedoch auch ein verstärkter Vulkanismus Grund für das wärmere Klima dieser Zeit: Mehr Kohlendioxid wurde freigesetzt und so entstand ein leichter Treibhauseffekt, der unter anderem die starke Vermehrung von großen und vielfältigen Insekten begünstigte.

Das Schaufenster in die hessische Tropenlandschaft – Messel – ist heute UNESCO-Weltkulturerbe. Seit 1875 birgt man in ihrem Ölschiefer wichtige Fossilien, die Auskunft darüber geben, wie sich unsere Welt klimatisch gewandelt hat. Die makellose Erhaltung der Messel-Fossilien ist dem geologischen Umstand zu verdanken, daß sich ein ehemaliger Süßwasser- oder Maarsee, der sich im Krater eines erloschenen Vulkans gebildet hatte, ideale Bedingungen aufwies, um die ehemals lebende Flora und Fauna in Fossilien umzuwandeln: In den tiefen, sauerstoffreien Bereichen des Sees wurden nicht nur komplette Skelette, sondern durch die Wirkung von Bakterien auch Weichteile wie Haare und Mageninhalte vieler Wirbeltiere fossilisiert.

Einer der sensationellsten Funde aus diesen feinlagigen Sedimentschichten Mitteleuropas ist bislang ein Ameisenbär, der einzige, der je in Europa entdeckt wurde. Seine heutigen Verwandten kommen ausschließlich in Südamerika vor. Überhaupt weist die fossile Flora und Fauna von Messel erstaunliche Parallelen mit der Tier- und Pflanzenwelt Nord- und Südamerikas auf: Schlammfische und Knochenhechte, die häufigsten Wirbeltierfossilien in der Grube Messel, kommen heute als lebende Fossilien in Nordamerika vor, der Laufvogel *Gasthornis* (*Diatryma*) ist aus Mitteleuropa und Nordamerika bekannt. Diese Übereinstimmung legt nahe, daß es eine Landverbindung zwischen Nord- und Südamerika gegeben haben mußte. Für Fische war diese Landverbindung überlebenswichtig, denn Süßwasserfische verbreiten sich ausschließlich über Flüsse oder sie heften ihren Laich an das Gefieder von Teichvögeln, die allerdings nicht so gerne lange Strecken zurücklegen und wenn, dann schon gar nicht über große Wasserflächen wie ein Meer.

43. Was haben Himalaja, Alpen und Mittelmeer miteinander zu tun? Kontinente und kontinentale Platten sind immer in Bewegung und deshalb bleiben auch geographische Einheiten und Strukturen wie der Himalaja, die Alpen und das Mittelmeer nicht konstant. Satelliten sind heute in der Lage, die zentimetergenauen Driftbewegungen auszumachen und zu dokumentieren. Das Wissen um diese Bewegungen und die Techniken, die Bewegungen zu untersuchen, sind vergleichsweise jung. Erst in den 50er Jahren des vorigen Jahrhunderts belegten Untersuchungen von unterseeischen Vulkanen, daß sich Ozeanboden durch austretende Lava neu bildet und die Kontinente sich dabei auseinanderschieben. Daß die Erde bei diesem Vorgang nicht größer wird, liegt umgekehrt daran, daß lose Platten untereinander in einem Subduktionsvorgang abtauchen können. Bei diesem Prozeß wird die untere Platte teilweise aufgeschmolzen. Das dadurch produzierte Magma kann dann in der darüber liegenden Platte zur Bildung von Vulkanen führen. Wird die obere Platte nicht nur angehoben, sondern auch gestaucht und gefaltet, entsteht bei einem solchen Vorgang sogar ein Gebirge – der Himalaja Nepals beispielsweise, der im Jungtertiär durch den Zusammenstoß Asiens mit Indien hervorgegangen ist. Reiben die Platten gegeneinander, dann führen diese Spannungen in der Erdkruste zu Erdbeben. Die Gebirge Alpen, Kaukasus, Himalaja und die Rocky Mountains wurden bei solchen monumentalen Bewegungen gebildet – und das nicht zeitversetzt, sondern auf einmal. Geologen nennen dieses Ereignis «alpidische Gebirgsbildung». Während des vulkanisch aktiven Eozäns sank im heutigen Deutschland der Oberrheingraben; seine Schultern hoben sich dagegen an. Die afrikanische Platte wanderte gen Norden und preßte sich dort gegen die europäische. Die Alpen wurden bei diesem Vorgang hochgedrückt, und der Abstand des Tethys-Meers zwischen den beiden Kontinenten schrumpfte. Der klägliche Rest dieses Riesenmeeres ist heute das Mittelmeer. Als sich die Straße von Gibraltar schloß, verdampfte sogar das Mittelmeer und hinterließ eine Salz- und Gipswüste - ein Vorgang, der sich wahrscheinlich während des oberen Miozän einige Male wiederholt hat. Stand der Meeresspiegel jedoch hoch, konnte das Mittelmeer über die Straße von Gibraltar geflutet und von Meeresbewohnern neu besiedelt werden.

Abb. 9 Die Lage der Kontinente in der Kreidezeit vor ca. 95 Mio. Jahren. Der Atlantik trennte bereits Afrika und Europa von Süd- und Nordamerika. In Nordamerika breitete sich das Meer vom Golf von Mexiko über Nordamerika bis zum Nordmeer aus. Madagaskar löste sich von Indien ab und wurde damit zur Insel.

KREIDE (vor 146 bis 65,5 Millionen Jahren vor heute): Die Entstehung des Treibhauseffekts und andere Katastrophen

44. Wie viel Kreide gab es in der Kreidezeit? Caspar David Friedrich hätte ohne die Kreidezeit mit einer weniger romantischen Kulisse für sein berühmtes Gemälde der Kreidefelsen auf Rügen vorlieb nehmen müssen. Der Name Kreide für ein ganzes Erdzeitalter stammt von der Schreibkreide, die in den berühmten Kreidefelsen von Dover in mächtigen Schichten zutage liegt. Das typische Schreibwerkzeug für Schultafeln besteht aus den kalkigen Skeletten von pflanzlichem Plankton, den Coccolithophoriden («Kugelsteintragende»). Ein Coccolithophoride umgab sich mit Panzern aus mehreren runden Kalkplättchen. Nach dem Tod der Alge zerfiel der Panzer in diese Plättchen und sank auf den Meeresgrund. Dort bildeten die Überreste zunächst den Coccolithenschlamm und später, durch leichte Verfestigung zu Gestein, die Schreibkreidefelsen, die zum Teil eine Höhe von 800 Metern erreichen. Auch wenn es seit der Kreidezeit Unmengen an Kreide gibt, so nutzt man heute in der Schule Kreide, die aus Gips besteht und damit ein wenig härter ist als echte Schreibkreide.

Innerhalb der Kreideablagerungen befinden sich bis heute Feuersteinknollen, die aus den Skeletten von Lebewesen, die Kieselsäure enthielten, stammen. Die Feuersteinknollen, die man bei Spaziergängen an Nord- und Ostsee finden kann, sind aus den Kreidefelsen der nahen Küsten erodiert. Neben den bekannten Kreidefelsformationen hat die Kreidezeit fossile Riesen hervorgebracht – die Dinosaurier. Die «Stars» unter den Dinos, wie *Tyrannosaurus rex* und *Triceratops* lebten unter anderem in Nordamerika und starben im Zuge des letzten bekannten Massenexitus aus. Weitere Highlights der Kreidezeit waren die Entstehung der heutigen Haie und der ersten Primaten.

45. Wem nutzt eine Katastrophe? Die bekannteste und jüngste Katastrophe der Erdgeschichte geschah vor 65 Millionen Jahren am Ende der Kreidezeit. Die letzten Dinosaurier und viele andere Lebewesen starben aus und doch überlebten einige wenige Tiere, die nur kurze Zeit später den Globus bevölkerten. Dem Drama der Dinos schloß sich die Erfolgsgeschichte der Säugetiere an. Sie spalteten sich in viele verschiedene Gruppen auf und besetzten ökologische Nischen, die zuvor von Reptilien besetzt waren. Grund für das letzte Massensterben der Erdgeschichte war der Einschlag eines gigantischen Gesteinsasteroiden mit ca. 10 Kilometer Durchmesser vor 65 Millionen Jahren auf der mexikanischen Halbinsel Yucatan. Sichtbares Zeugnis dieses Aufpralls ist der mit 100 Kilometer Durchmesser gewaltige Chicxulub-Krater, dessen geschockte Quarze feine Risse aufweisen, wie sie nur durch kurze extreme Druckeinwirkung entstehen können – eben den Einschlag des Asteroiden. Weltweit weisen die Gesteinsschichten zwischen Kreide und Tertiär zudem eine Tonschicht auf, die eine hohe Konzentration von Iridium enthält - ein Element, das normalerweise häufig in Meteoriten vorkommt und ein weiteres Indiz für die Katastrophe darstellt, die den sofortigen Tod aller Lebewesen in der direkten Umgebung verursachte. Der Einschlag schleuderte Unmengen von Staub in die Atmosphäre, der sich wie in Mantel um die Erde legte und die Einstrahlung von Sonnenlicht verhinderte; weltweit sank die Temperatur. Die Folgen waren ein Jahrhunderte andauernder Winter und - fast überall - die Unterbrechung der Nahrungsketten.

Eine alternative Theorie führt Urgeschichtler nach Indien, wo es gewaltige Basaltdecken gibt, die auf eine sehr starke vulkanische Tätigkeit zurückzuführen sind. Das Iridiumband zwischen Kreide- und Tertiärschichten könnte ebenfalls von Vulkanausbrüchen herrühren, so zumindest die Hypothese. Für beide Szenarien gibt es fossile Belege, und es ist nicht auszuschließen, daß beide Ereignisse sogar zusammengewirkt haben könnten. Die Gewinner der Katastrophe, wie auch immer sie letztlich zustande kam, waren jedenfalls kleine Tiere, mit hoher Individuenzahl, die über gute Versteckmöglichkeiten verfügten und wenig Nahrung benötigten, oder aber weitverbreitete, unspezialisierte Tiere, die sich auf neue Lebensbedingungen besser einstellen konnten und sich rasch und oft vermehrten. Pflanzen waren aufgrund ihrer hohen Regenerationsfähigkeit und der Fähigkeit zur vegetativen Vermehrung nie so stark von Aussterbeereignissen betroffen wie Tiere; vielleicht waren es eben deshalb auch die Blütenpflanzen, die mit ihrer raschen Vermehrung nach der Katastrophe den Eroberungszug zu Lande antraten.

46. Gibt es heute noch Dinosaurier? Wenn man mag, kann man diese Frage bejahen, denn fleischfressende Dinosaurier aus der Gruppe, zu der auch einst der *Velociraptor* gehörte, sind Vorfahren der modernen Vögel. Strenggenommen, müßte man allerdings nach dieser Definition auch Therapsiden noch unter die Lebenden zählen, denn deren Nachfahren, die modernen Säugetiere, besiedeln heute recht erfolgreich die Erde. Vögel und *Velociraptor* weisen, anatomisch gesehen, recht viele Übereinstimmungen auf: ihre Schlüsselbeine sind zum Gabelbein verschmolzen, die Knochen hohl und eventuell sogar mit Luftsacksystem ausgestattet; beide waren warmblütig und konnten ihre Hände beziehungsweise ihre Flügel nach unten klappen.

Abb. 10 Wer war zuerst da? Die Feder oder der Vogel? Federn entstanden entwicklungsgeschichtlich früher als Vögel, wie *Sinornithosaurus* zeigt – ein gefiederter Raubsaurier, der zu den Vogelvorläufern gezählt wird.

Echte Flugfedern besaß bereits der Urvogel *Archaeopteryx*, allerdings weist sein Skelett eher Reptilienmerkmale auf. Bis heute wird daher darüber gestritten, ob das bekannte Skelett eher ein Vogel mit Zähnen oder ein Reptil mit Federn war. Gefiederte Gesellen der Dinozeit gab es neben dem *Archaeopteryx* noch viele: *Sinosauropteryx* hatte unverzweigte Borstenfedern. Diese Urfedern gibt es heute noch bei den «Wimpern» der Laufvögel. Ursprünglich erfüllten sie ihre Funktion zur Eindämmung des Wärmeverlustes über die Haut. Der stolze *Caudipteryx* mit verzweigter Federfahne am Schwanz konnte zwar nicht fliegen, aber er mag seine Federschwanzpfanne als Schaueinrichtung bei der Partnerwahl genutzt haben oder, wie ein Roadrunner, um rasch die Laufrichtung zu ändern.

Mit daunenähnlichen Federn ausgestattet war *Microraptor*. Seine asymmetrisch angeordneten Federn waren wichtig für den Auftrieb beim Fliegen. Nicht nur sein Körper, auch sein ganzer Mittelfuß war mit Federn bedeckt. Der entsprechende Fossilfund stützt die gemeinhin als «Von den Bäumen herunter» bezeichnete Flugtheorie: Kein Dinosaurier der Welt nämlich hätte mit gefiederten Mittelfüßen das Fliegen erfinden, geschweige denn schnell genug rennen können, um einen echten «take off» zu schaffen – also abzuheben.

Neben der Frage nach dem Erfinder des Fliegens stellt sich die Frage nach der Entwicklung der Federn. Bislang favorisiert man die Ansicht, daß sich aus den unverzweigten Borstenfedern eines *Sinosauropteryx* erst verzweigte Daunenfedern, dann die Ausstattung mit geschlossener Federfahne und diese sich schließlich zu asymmetrischen Schwungfedern entwickelt haben. Auch wenn heute Federn eine exklusive Körperbedeckung von Vögeln darstellen, war Gefieder selbst bei fleischfressenden Dinosauriern bereits anzutreffen. Der Fund von Hautanhängen bei den im Verhältnis zu den Vögeln verwandtschaftlich weit entfernten Horndinosauriern läßt vermuten, daß die Bildung von Hautanhängen wie Borsten oder Federn bei Dinosauriern und sogar bei Flugsauriern recht häufig war.

Ein Fossil namens «der schlafende Drache» – Mei Long – bietet einen weiteren Beleg für die Verwandtschaft von Dinosauriern mit Vögeln: Die dreidimensionale Körperhaltung läßt erkennen, daß der Dino die gleiche Körperhaltung im Schlaf eingenommen hat, wie die heutigen Vögel. Mit 53 Zentimetern Gesamtlänge erscheint der schlafende Drache vergleichbar mit seinen fossilen Mitstreitern *Archaeopteryx* und *Microraptor*. Selbst die Brutpflege von Dinos und Vögeln erscheint ähnlich: Fossile Überreste lassen darauf schließen, daß kleine Dinosaurier wie der vermeintliche Eierräuber *Oviraptor* auf Nestern hockten.

47. Wer teilte sein Revier mit den Dinos? Einen Blick in die Jagdreviere der Dinos erlaubt die chinesische Provinz Liaoning. Die Fossilfundstätte nahe der Stadt Beipiao, in der Yixian- und Jiufotang-Formation aus der Unterkreide vor 125 Millionen Jahren, wird oft als kreidezeitliches Pompeji bezeichnet. Wissenschaftler nennen die dort geborgenen Fossilien aus sämtlichen Tier- und Pflanzengruppen auch Jehol-Lebensgemeinschaft; diese Namensgebung bezieht sich auf die ehemalige Kaiserresidenz, die in dieser Gegend liegt. Die unterschiedlichen Funde früher Angiospermen (Bedecktsamer), detailreich erhaltene Arthropoden (Gliederfüßer), Frösche, Schildkröten und auch frühe Vertreter der Säugetiere lassen auf ein warmes Klima schließen. Berühmt wurde die Fundstelle allerdings erst 1996 mit dem Fund von *Sinosauropteryx prima*, den eine Körperbedeckung aus Federn auszeichnete. In den letzten zehn Jahren folgten viele weitere Aufsehen erregende Funde von solchen befiederten Theropoden (zweibeinige Raubsaurier), was das komplett erhaltene Süßwassersee-Ökosystem in die Weltliga der Fossilfundstätten befördert hat. Mit ca. 60 Arten fossiler Pflanzen, 70 Arten fossiler Wirbeltiere und über 1000 Arten fossiler Wirbelloser bietet das Yixian-Becken fast ausschließlich nur dort vorkommende - endemische - Lebewesen, unter anderem Flugsaurier, Eidechsen, Schildkröten, eine der ältesten Blütenpflanzen und jede Menge Süßwasserfische.

Neben weiteren ungewöhnlich gut erhaltenen Dinosaurierfossilien, die oft auch Hautanhänge wie Federn oder borstenähnliche Gebilde zeigen, birgt die Fossilstätte zudem gut erhaltene Säuger, Vögel, Insekten und Blütenpflanzen (*Archaefructus*), die für die Urzeitforschung von großer Bedeutung sind. Bemerkenswert ist die Erhaltung der Feinstruktur und Details wie auf den Abdomen (Hinterleib) von Insekten. Kein Wunder, daß bei der Vielfalt an fossilen Schätzen viele der Wirbellosenfossilien noch auf ihre wissenschaftliche Beschreibung warten müssen.

Ein weiterer Zeitgenosse der Dinos war *Repenomamus robustus*, der für einen mesozoischen Säuger durchaus groß geraten war. In seinem gut erhaltenen Inneren fand man sogar die unzerkauten Knochen eines Dinosauriers, ein Beweis für schwache Kaumuskeln und nicht vorhandene Knochenbrecherzähne, wie sie die heutigen Carnivoren (Fleischfresser) aufweisen. Bis heute ist unklar, inwieweit es sich bei dem Tier um einen Aasfresser oder einen Jäger handelte. Jagend wäre das Tier sicherlich ein Nahrungskonkurrent für kleinere fleischfressende Dinos gewesen. Der Luftraum der Dinoreviere wurde von Vögeln wie *Jeholornis prima* beherrscht, bekannt aus der Juifotang-Formation. Sein langer, knöcherner Schwanz und sein Schultergürtel deuten auf ein gutes Flugvermögen hin. Der zahnlose Oberkiefer und der kräftige Unterkiefer mit nur wenigen, winzigen Zähnen diente wohl zum Verzehr von Samen und Zapfen. Die Füße des Vogels trugen nach hinten gerichtete Zehen und kräftige, gebogene Zehenknochen; dies läßt vermuten, daß er auf Ästen sitzen konnte. Der 1995 gefundene Vogel *Confuciusornis sanctus* besaß bereits Flug- und Schmuckfedern, die wie heute auf einen Geschlechtsunterschied zwischen weiblichen und männlichen Vögeln hinweisen – wobei die Männchen natürlich die hübscheren waren ...

48. Können Echsen fliegen? Die einfache Antwort lautet *ja*. Der Ursprung der Flugechsen ist allerdings bislang unklar. Die ersten Flugsaurier (Pterosaurier) sind bereits aus der Trias vor 220 Millionen Jahren bekannt, doch auch sie starben zusammen mit ihren nächsten Verwandten, den Dinosauriern, vor etwa 65 Millionen Jahren aus. Ihre Flügel bestanden im Gegensatz zu denen der Vögel nicht aus Federn, sondern, wie bei Fledermäusen, aus Haut. Die aus mehreren Bindegewebsschichten äußerst derb aufgebaute Haut war zwischen dem Körper und dem vierten Finger, dem Flugfinger, aufgespannt. Die zähe Haut war gut für die Fossilerhaltung von Flügeln und gibt heute Aufschluß über die Flugfähigkeit dieser Pioniere des Luftraums. Die Flugsaurier waren jedoch nicht nur in der Luft mobil. Dank des beweglichen Flugfingers konnten die Tiere auch am Boden laufen. Die Anatomie war geradezu ein Erfolgskonzept der Flugsaurier, das sich unverändert 150 Millionen Jahre lang ohne Änderungen bewährte, und zwar sowohl bei möwenkleinen Flugsauriern als auch bei Riesenflugsauriern mit einer Flügelspannweite von bis zu 12 Metern wie dem *Hatzegopteryx*.

Wissenschaftlich teilt man die Flugsaurier in zwei Großgruppen ein: die Langschwanzflugsaurier mit schmucklosen Köpfen, langen Schwänzen, die kleine Tragflächen besaßen, und die Kurzschwanzflugsaurier (Pterodactyloidea) mit teilweise sehr bizarren Kopfauswüchsen. Alle Flugsaurier waren perfekte Segler, und auch wenn es bislang weder fossile Belege für die Fortbewegung mittels Schlagflug noch für den Flugstart gibt, so beweist doch die Existenz der Flugsaurier, daß vogelgleiches Fliegen sich bereits vor 220 Millionen Jahren durchsetzte. Wahrscheinlich werden Paläontologen und Ingenieure beim Lösen dieses Rätsels sehr viel über Aerodynamik und Auftrieb lernen - mehr als sie bislang jedenfalls wissen. Hinweise für die Segelflugfähigkeit von Flugsauriern liefern die fossilen Knochen; sie weisen eine noch extremere Leichtbauweise auf als bei heutigen Vögeln. Die Wände der Langknochen sind hauchdünn und werden von sehr feinen Querbälkchen, die aussehen wie Wellpappe, stabilisiert. Den nötigen Auftrieb könnten Flugsaurier durch ein Luftsacksystem bekommen haben, das die warme Atemluft aus der Lunge in die Knochen gepumpt und so für zusätzlichen Auftrieb gesorgt hätte. Dies wiederum ließe die Schlußfolgerung zu, daß Flugsaurier Warmblüter waren. Ein Indiz hierfür fand sich im heutigen Kasachstan. Dort wurden Ende der 70er Jahre Fossilien entdeckt, die auf einen feinen Pelz auf den Hautabdrücken hinweisen. Die Flugsaurierfossilien wurden daraufhin behaarte Teufel, *Sordes pilosus*, benannt. Pelz aber macht nur Sinn bei Warmblütern, andernfalls würde die haarige Isolationsschicht ein Aufwärmen durch Sonneneinstrahlung verhindern, die Tiere wären also im Nachteil. Bei Warmblütern wird das Körperkleid allerdings zum Vorteil, denn die kostbare Stoffwechselenergie wird so nicht nach außen verschwendet, sondern im Körper zurückgehalten. Vielleicht hatten Flugsaurier sogar das Problem, wie sie die beim Fliegen entstandene Körperwärme möglichst schnell wieder loswerden konnten. So könnten die bizarren Kopfauswüchse der Kurzschwanzflugsaurier wie die Ohren von Elefanten dazu gedient haben, überschüssige Wärme abzuführen. Starke Hauben oder Kopfkämme könnten allerdings auch der Seitenstabilisierung gedient haben. Untersuchungen an Hirnausgüssen zeigen, daß das Kleinhirn von Flugsauriern, ähnlich dem von Vögeln, Motorik und Raumgefühl kontrollierte. Auch die Lage der für den Gleichgewichtssinn verantwortlichen Bogengänge ist vergleichbar mit solchen bei Tieren, die fähig sind, rasche Manöver in der Luft durchzuführen. Für die Bodenfortbewegung sind Fossilspuren aus Südwestfrankreich überliefert, die auf eine vollkommen eigenständige Art des Laufens schließen lassen: Vermutete man anfangs, daß Flugsaurier wie Fledermäuse kriechen oder wie Vögel zweibeinig mit eingeklappten

Abb. 11 Pioniere der Lüfte: Flugsaurier waren aktive und wendige Flieger. Die starke Flugmuskulatur setzte am oberen Rumpf und an den Oberarmen an. Der kräftigste Muskel, der die Flügel gegen den Luftwiderstand nach unten drückte, setzte am gekielten Brustbein an. Flugsaurier besaßen extrem leichtgebaute, hohle Knochen und hatten daher ein mit dem Körpervolumen verglichen sehr geringes Gewicht. Die größten bislang gemessenen Flügelspannweiten betragen über 16 Meter.

Flügeln laufen würden, so zeigen die fossilen Spuren einen vierbeinigen Abdruck – die drei ersten Finger am Boden und die Füße ganz aufgesetzt. In der Fußspur sieht man sogar Abdrücke von Schwimmhäuten zwischen den Zehen des Fußes.

49. Ist das Plankton am Golf-Krieg schuld? Die weltweit begehrtesten fossilen Güter, die bisweilen sogar Kriege auslösen, sind Öl und Gas. Sie entstehen aus Ablagerungen mit einem hohen Anteil an organischem Material. Das sind Überreste von kleinen Meeresbewohnern wie Bakterien, Algen oder Kleinstlebewesen wie Plankton, das zwar nicht selbständig schwimmen, aber im Wasser frei schweben kann. Die Ablagerungen bilden sich, wenn mehr organisches Material erzeugt wird, als abgebaut werden kann und es schnell mit Sediment abgedeckt wird. Ideal für die Entstehung von Erdöl und Erdgas sind Schelfgebiete. Diese unter Wasser liegenden, flach abfallenden Ränder einer Landfläche sind die Geburtsorte kleiner Organismen. Diese entstehen durch Photosynthese: Die Sonne strahlt ins seichte Oberflächenwasser und produziert so unzählige kleine Meeresbewohner. Die neugeborenen Organismen sinken nach unten und werden im sauerstoffarmen Schlamm des Meeresbodens eingelagert. Ebenfalls gute Bedingungen für die Entstehung von Ablagerungen mit einem relativ hohen Anteil organischer Stoffe liefern Flußdeltas und Binnenseen. Die im Schlamm eingeschlossenen Ablagerungen sind hohen Drücken und Temperaturen ausgesetzt, die zu chemischen Reaktionen führen. Dabei entstehen flüssige Öl- und gasförmige Kohlenwasserstoffe. Durch weiteren Druck wird das Erdöl förmlich aus dem Muttergestein in angrenzendes öldurchlässiges Gestein wie beispielsweise Kalk- oder Sandstein gepreßt. In diesen Gesteinsarten, die man Speichergesteine nennt, klettert das Öl wegen seiner geringen Dichte meist bis auf Grundwasserniveau. Wirtschaftlich gesehen, sind Speichergesteine jedoch uninteressant, da sich dort keine größeren Ansammlungen von Erdöl finden lassen.

Das für den heutigen Weltmarkt interessante Fossilgut Öl versteckt sich in größeren Mengen in sogenannten Ölfallen. Solche Fallen entstehen, wenn sich für Öl undurchlässige Ablagerungen wie Tone oder Salzstöcke über und durch das Muttergestein geschoben haben. Ein Vorgang, der durch tektonische Aktivitäten der Erdkruste ausgelöst wird. Das Öl sitzt dann buchstäblich in der Falle. Einziges Risiko ist nun, daß die «gefangenen» Ölvorkommen durch weitere tektonische Aktivitäten wieder zerstört werden.

Die Grube Messel, ein ehemaliger Ölschiefer-Tagebau bei Darmstadt, der vor etwa 47,5 Millionen Jahren in Höhe des heutigen Neapel lag, bot zwar hervorragende Ausgangsbedingungen für die Bildung von organischem Material, das im fossilen Messelsee rasch abgedeckt und nur langsam zersetzt wurde, so daß Ablagerungen mit einem hohen Anteil organischen Materials entstanden. Diese wurden aber niemals den erforderlichen Drücken und Temperaturen für die Bildung von Öl ausgesetzt. Ölvorkommen sind also das Produkt von Launen der Natur, das Ergebnis Jahrmillionen dauernder Prozesse, angefangen bei den günstigen Bedingungen für das Wachstum von Plankton und der raschen Einbettung nach dem Tod über die chemischen Umwandlungen im Gestein bis hin zur Bildung von stabilen Ölfallen. Die heutige politische Instabilität der einschlägig interessanten Regionen ist allerdings das Ergebnis menschlichen Handelns innerhalb kaum eines Jahrhunderts.

50. Seit wann gibt es den Treibhauseffekt? Das negativ belegte Wort «Treibhauseffekt» bezeichnet ganz neutral einen Vorgang, bei dem kurzwellige, energiereiche Strahlung das Glas eines Gewächshauses passiert, sich im Inneren als Wärme entfaltet, deren langwellige, energieärmere Strahlung dann nicht mehr durch das Glas entweichen kann, im Inneren verbleibt, und dort zu weiterer Erwärmung führt. In der Atmosphäre sind es Gase wie Kohlendioxid oder auch Wasserdampf, die sich wie die wärmeabbauverhindernden Scheiben eines Treibhauses verhalten und zum beschriebenen Effekt führen. Heute entfaltet der natürliche Treibhauseffekt seine Wirkung, wenn besonders viel Kohlenstoffdioxid in der Atmosphäre vorhanden ist. Verursacher sind zumeist wir Menschen. Auf natürliche Weise sind es allerdings Vulkane, die den Treibhauseffekt – und das bereits seit Anfang des Erdaltertums, im Devon – unterstützen. Die wärmste Periode der Erdgeschichte, die Kreidezeit, forcierte den Treibhauseffekt möglicherweise durch das Aufbrechen des Südatlantiks oder des Auseinanderbrechens des Südkontinents Gondwana. Bei beiden Prozessen gelangte viel CO_2 in die Atmosphäre. Des Rätsels Lösung für das Urzeitphänomen Treibhauseffekt liegt vielleicht in den Ozeanen: Untermeerische Gebirgszüge («Mittelozeanische Rücken») durchziehen alle Ozeane der Erde. Wie an einer Naht tritt entlang dieses Gebirgszuges basaltische Lava aus dem Erdinneren hervor und bildet dort neuen Ozeanboden. Durch diesen Prozeß wurden und werden die Kontinente immer weiter auseinandergeschoben. Damit die Erde nicht weiter expandiert gibt es allerdings auch Stellen, an denen der Ozeanboden wieder verschwindet. In solchen Subduktionszonen wie etwa vor der Westküste Südamerikas verschwinden ganze Erdplatten in der Versenkung. Eine weitere Hypothese zur Entstehung des Treibhauseffektes sehen Wissenschaftler in der Änderung der Erdbahn um die Sonne. Das Klima unserer Erde wird nämlich maßgeblich vom Abstand und dem Winkel, den die Erde zur Sonne einnimmt, bestimmt. Der Winkel der Sonne ist damit abhängig von der Bewegung der Erde, und die bewegt sich einmal mehr oder einmal weniger eiernd. Die bahnbedingten Schwankungen der Sonneneinstrahlung führen dazu, daß die Strahlung mal mehr oder mal weniger gut die Erdatmosphäre passieren kann.

51. Seit wann duften Blüten? Blumen ohne Blüten wären nicht nur für Floristen im Verkauf hinderlich, sondern würden auch das Ende der Pflanze bedeuten, denn Blütenpflanzen unterscheiden sich von Nacktsamern wie zum Beispiel Nadelbäumen dadurch, daß sie ihre Samenanlagen in einem Fruchtknoten einschließen, der den Samen vor Austrocknung, Infektionen und Räubern bewahrt. Mit ihren Fortpflanzungsorganen, den Blüten, besitzen Blütenpflanzen Eizellen im Inneren des Fruchtknotens, die mit anschließendem Griffel und der Narbe auf die Bestäubung durch Wind oder ein Tier warten. Fällt das männliche Pollenkorn aus den Staubbeuteln der Pflanze und wächst der Pollenschlauch bis zur Eizelle, dann kommt es zur Befruchtung: Die Blüte verwelkt, der Fruchtknoten wächst und bildet im Inneren eine Frucht mit Samen. Nadelbäume haben als Nacktsamer das Problem zu lösen, daß ihre Eizellen auf den Schuppen der Zapfen sitzen. Daß eine Polle genau dahin vom Wind getragen wird ist äußerst unwahrscheinlich. Blütenpflanzen haben dies besser eingerichtet, denn sie entwickelten – quasi als Fruchtbarkeitslockstoff – den Duft ihrer Blüten. So konnten Tiere, die als Pollenträger und Bestäuber dienen sollten, erfolgreich angelockt werden. Seit wann genau Blütenpflanzen diese Strategie nutzen, ist unbekannt. Allerdings belegt das bislang älteste Fossil einer Blütenpflanze, *Archaefructus liaoningensis* – in China gefunden –, daß Blüten bereits in der unteren Kreidezeit vor etwa 140–125 Millionen Jahren geduftet haben müssen. Fossile Spuren, die auf die Mithilfe von Insekten bei der Bestäubung schließen lassen, gibt es allerdings bereits aus der Trias bei den Gymnospermen, Cycadeen und Bennettiteen, die eine verwandtschaftliche Konvergenz zu echten Blütenpflanzen darstellen. Der durch Duft und schöne Blütenblätter provozierte Pflanzenbesuch hat für Tiere wie Bienen den positiven Nebeneffekt, daß der Pollen, der ja eigentlich zur Fortpflanzung dienen soll, als Nektar und damit als Nahrung angeboten wird. Der Nektar soll die Bestäuber treu halten, und sie ihre nützliche Tätigkeit innerhalb einer Pflanzenart verrichten lassen, denn was nutzt dem Raps der Pollen, der von der Kirschblüte stammt? Die erfolgreichsten Blütenpflanzen sind heute übrigens Gräser wie Getreide, die vom *Homo sapiens* in riesigen Monokulturen gehalten werden.

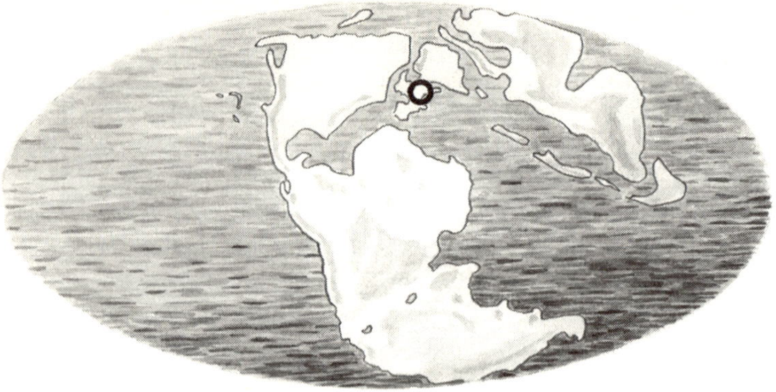

Abb. 12 Die Lage der Kontinente im Jura vor ca. 150 Mio. Jahren. Der frühere Superkontinent Pangaea begann sich aufzulösen. Die Kontinente Afrika, Indien, Antarktis, Australien und Teile des Südkontinentes Gondwana trennten sich vor ca. 120 Millionen Jahren mit der Bildung neuer Ozeane.

JURA (vor 200 bis 146 Millionen Jahren vor heute): Zeitalter der Dinosaurier

52. Was geschah im «Jurassic Park»? Steven Spielbergs Filmtitel «Jurassic Park» ist ein Synonym für das Zeitalter der Dinosaurier. Obwohl der Jura die Zeit war, in der die meisten der großen Dinosaurier lebten, ist es dennoch die Kreidezeit, die die größte Vielfalt an Formen der Urzeitriesen aufweist.

Der Name Dinosaurier heißt übersetzt *gewaltige Echse*. Als Gruppe der Landwirbeltiere beherrschten Dinosaurier seit Mitte der Trias vor 235 Millionen Jahren bis zur Kreide-Tertiär-Grenze vor ca. 65 Millionen Jahren die Erde. In der Blütezeit der Dinos, dem Jura, der nach dem Jura-Gebirge benannt wurde, war das Klima relativ warm. Bereits am Übergang von der Trias zum Jura, einem weiteren Massensterben der Erdgeschichte, tauchen Fossilien der ersten Säugetiere auf wie *Megazostrodon*, das ein Gebiß mit Schneide-, Eck- und Backenzähnen aufweist.

Während dieser Zeit beginnt der Großkontinent Gondwana zu zerbrechen, Nord- und Südatlantik bilden sich aus und die ältesten Teile des heutigen Ozeanbodens entstehen zeitgleich mit den ersten

Blütenpflanzen zu Lande. Der Jura ist geprägt von starken Meeresspiegelschwankungen und einer beginnenden Abkühlung in den Polregionen. Das Meeresleben wurde beherrscht von Ichthyosauriern und Seelilien, Krokodilen und Haien. Die unterjurassische Fundstätte Holzmaden birgt neben eben diesen Fossilien auch einen ertrunkenen Flugsaurier. Die Fossilerhaltung ist dank des Faulschlammes, der die Organismen einschloß, zum Teil so hervorragend, daß sich selbst Hautschatten von Fischsauriern erhalten haben. An Land beherrschten Farne, Nadelhölzer und Palmfarne die Flora, die als Nahrungsquelle wenigen reinen Landwirbeltieren zur Verfügung stand.

Der gelblich-bräunliche mittlere Jura ist berühmt für seine Ammonitenfauna. Noch besser sieht es im so genannten weißen Jura, dem Oberjura, aus: Die beiden weltberühmten Fundstätten Eichstätt und Solnhofen bieten wunderbare Wirbeltierfossilien; sie stellen gewissermaßen ein Fenster in die Urzeit dar. Neben den langhalsigen Sauropoden herrschten vor allem große Raubsaurier wie *Megalosaurus* und *Allosaurus* vor, die zwar nicht ganz so groß waren wie der Filmstar *Tyrannosaurus rex*, der in Wirklichkeit im Jura gar nicht auftaucht. Wer im Jura erstmals erscheint, ist der älteste Urvogel *Archaeopteryx* mit seinen asymmetrischen Schwungfedern, einem Reptilienschädel, knöchernem Schwanz und Krallen an den Flügeln. Konkurrenz bekommen hat der Urflieger seit kurzem aus der Mongolei: *Pedopenna daohugouensis*, der «gefiederter Fuß», war weniger als einen Meter lang und seine gefiederten Füße ähneln denen von *Microraptor* aus der Unterkreidezeit. Bislang gehen Forscher davon aus, daß die Entstehung der Vögel im Jura erfolgte, allerdings legt man auch bei der Evolution der Vögel – ähnlich wie beim Menschen – mehr und mehr einen Stammbusch (statt eines Stammbaums) zugrunde, also weniger eine geradlinige Entwicklung von Dinosauriern weiter zu *Archaeopteryx* und dann zu den Vögeln. Das Erdzeitalter des Jura ist jedoch nicht nur wegen seiner grandiosen Dinosaurierfossilien bekannt: Lithographische Kalksteine, die in den flachen, tropischen Jurameeren entstanden, bilden den filigranen Bodenbelag der Hagia Sophia in Istanbul, und bei uns zieren Jura-Fossilien in poliertem Kalkstein Fensterbänke und Treppen.

53. Warum kann man mit Ammoniten die Zeit messen? Die kunstvoll gewundenen Ammoniten tauchen oft als Embleme von Naturkundemuseen, Naturkundlichen Vereinen und Paläontologischen Vereinigungen auf. Als fossile Vertreter der Cephalopoden (Kopffüßer) und Tintenfische sind sie wie die ebenfalls fossilen Belemniten und die Nautiloideen, von denen es bis heute Überlebende gibt, die bekanntesten Fossilien der Urzeit. Grund hierfür ist ihre gute Fossilerhaltung, denn Ammoniten hatten eine kalkige Außenschale. Der heute lebende Nautilus, der allerdings nicht direkt von den Ammoniten abstammt, wird gerne als Vorlage für Rekonstruktionen verwendet, denn auch seine Schale ist gewunden wie eine Spirale, und beide Tiere weisen gekammerte Querwände in ihrem Gehäuse auf. In der letzten großen Kammer der äußeren Windung lebte das Tier. Alle einzelnen Kammerzimmer in der Ammonitenwohnung waren mit einem Schlauch verbunden, dem so genannten Sipho. Mit ihm konnten die Tiere kontrollieren, ob die einzelnen Kammern mit Gas oder Flüssigkeit gefüllt waren - wie die Ballaststofftanks eines U-Bootes. Mit dieser Technik konnten Ammoniten und Nautiloideen ihre Auf- und Abbewegungen im Wasser lenken. Die wahrscheinlich räuberischen Ammoniten erreichten manchmal einen Durchmesser von bis zu 1,8 Metern, womit sie zu den größten bekannten Wirbellosen gehörten. Ihre natürlichen Feinde waren vermutlich große Meeresreptilien.

Die Ammonoidea (ammonitenähnliche Kopffüßer) unterteilt man anhand der Muster der Kammerwandnähte auf der Außenschale, den so genannten Lobenlinien, in drei Gruppen: die Goniatiten, die im Mitteldevon auftauchten und sich durch einfach geschwungene Lobenlinien auszeichnen. Die zweite Gruppe meint die in der Trias erscheinenden Ceratiten mit leichter Zackung der Linien und schließlich- drittens, die «echten Ammoniten» aus dem Jura mit stark zerfranster Lobenlinie. Die Merkmale auf der Außenseite ihrer Schale machten die Ammoniten zu den bekanntesten Zeitmessern der Urgeschichte. Knoten, Muster und Spiralen bildeten sich so vielfältig und in so kurzen Abständen aus, daß fossile Ammoniten je nach Schalenschmuck einer bestimmten Zeit zugeordnet werden können. Aus diesem Grund werden Ammoniten auch als *Leitfossilien* bezeichnet, also als Fossilien, die für bestimmte geologische Schichten typisch sind und sich daher bestens zu Datierungszwecken nutzen lassen. Diese relative Zuordnung einer Schicht durch Fossilien ist von besonderem Vorteil in Gesteinen, die keine absolute, radiometrische Altersdatierung zulassen. Praktisch bedeutet das, daß eine neu gefundene Schicht A, die radiometrisch nicht datiert werden kann, ein Fossil A enthält. Die nahe liegende Schicht B ist bekannt und konnte beispielsweise auf ein Alter von 164,2 Millionen Jahre datiert werden und auch sie enthält Fossil A. Die Schlußfolgerung daraus lautet, daß auch Schicht A 164,2 Millionen Jahre alt ist. Sowohl Ammoniten als auch Belemniten beziehen ihre Namen allerdings weniger aus der Geologie und Altertumskunde als vielmehr aus der Mythologie: Amun, Amon oder Ammon war der ägyptische Schutzgott der Stadt Theben und einem Windgott gleich, während der keltische Donnergott Belenus den Belemniten ihren Namen gab, die als versteinerte Blitze oder Donnerkeile des Belenus angesehen wurden.

54. Welche Tiere bauen Meeresriffe? Riffe, die sich im Juragestein besonders zahlreich nachweisen lassen, besitzen im übertragenen Sinne eine Art «Skelett», das durch Kalk ausscheidende Organismen wie z. B. Korallen und durch die Füllung der Hohlräume mit Sediment und Karbonatabscheidungen gebildet wird. Neben Regenwäldern stellen Riffe bis heute die komplexesten Ökosysteme dar, die nur schwer erforschbar sind. Insgesamt unterscheidet man drei Rifftypen: das landnah gelegene Saumriff, das Barriere-Riff und das ringförmige Atoll. Hauptriffbildner ist seit der Zeit des Pleistozäns die Korallengattung Acropora. Mit immerhin 30 Zentimeter im Jahr schaffte es diese Koralle in rekordverdächtiger Zeit Riffe zu bilden.

Korallenriffe gibt es seit dem Ordovizium in beträchtlichen Ausmaßen. Auch die obere Trias war eine bedeutende Phase in der Geschichte der Riffe. Die großen Riffe des Erdaltertums, besonders die des Silurs und des Devons, wurden von den schwammähnlichen Stromatoporen als Riffbildner dominiert. Die Pioniere unter den Riffbildnern waren allerdings die Stromatolithen und die heute ausgestorbene Schwammgruppe der Archaeocyathiden. Im Ordovizium übernahmen dann Stromatoporiden, Bryozoen, Korallen und Schwämme die Aufgabe des Riffbaus. Im Devon sind es nur noch Stromatoporiden und Korallen, während im oberen Perm die Vielfalt an Riffbildnern wieder zunimmt: Korallen, Bryozoen, Kalkschwämme, Foraminiferen und Tubiphytes beteiligen sich an der Bildung von Riffen in den Meeren.

Unter den Riffbildnern der Kreidezeit finden sich dann auch die Rudisten. Diese spezialisierten Muscheln sind mit einer Klappe am Untergrund festgewachsen. Rudisten kamen damals besser mit den Meeresspiegelschwankungen zurecht. Wären sie nicht ausgestorben, so würden bis heute wohl Rudistenriffe die Anzahl von Korallenriffen weit übertreffen. Man kennt Rudisten jedoch meist nur von Riff-trümmern, sogenanntem Riffschutt, der nach starken Stürmen übrig blieb. Der Name «Rudist» leitet sich daher vom lateinischen «Rudus» für «Schutt» ab. Das weltweit einzige Rudistenriff in einer Museums-ausstellung befindet sich im Hessischen Landesmuseum Darmstadt. Für Eilige besteht die Gelegenheit, Rudistenriffe am Frankfurter Hauptbahnhof zu betrachten; dort ist die U-Bahnstation mit Kalk-platten von Riffschutt mit Rudisten ausgekleidet.

Zwischen den Riffen tummelten sich bohrende Organismen wie der heutige Bohrschwamm oder die früheren Bohrmuscheln und Bohrwürmer. Kieselschwammriffe wie die Jura-Riffe aus Süddeutschland sind in ihrer rezenten - heutigen - Form unbedeutend, nahmen aber in der Urzeit einen größeren Raum dadurch ein, daß Kiesel-schwämme Riffe in größerer Tiefe als Korallen bauen konnten. Die heutigen Steinkorallen, die mit lateinischem Namen Scleractinia heißen, gehören wie alle anderen Korallen auch zu den Nesseltieren und sind mit den Quallen verwandt. Die kleinste Einheit von Korallen bildet ein Polyp, der den Kelch - einen Teil seines Körpers - durch Kalk verfestigen kann. Korallen ernähren sich wie andere Tiere auch von Organismen. Nachts, wenn die Gefahr gebannt scheint, daß ihre Tentakel abgefressen werden könnten, sammeln sie Kleinstorganismen aus dem Wasser und verzehren sie. Während des Tages ziehen sie ihre Tentakel in den Kelch zurück. Dann werden von symbiontischen Algen (Zooxanthellen) Nährstoffe durch Photosynthese gebildet. Für diesen Vorgang benötigen Korallen lichtdurchflutetes Wasser. Interessant ist, daß nur der obere Teil eines Korallenriffes lebt und sich quasi auf die Skelette seiner Urahnen stützt. Daß Korallen bis heute überlebt haben, ist ihrer Durchsetzungsfähigkeit und der schützenden Kalkhülle, die sie umgibt, zu verdanken: Einige Korallenkolonien im Great Barrier Reef sind womöglich älter als 1000 Jahre, und viele weitere heutige Riffe begannen ihr Leben nach dem Ende der letzten Eiszeit vor ungefähr 10 000 Jahren.

55. Warum waren die frühen Säugetiere nachtaktiv? Große Augen, verbessertes Hell-Dunkel-Sehen und eher farbenblind, diese Charakteristika weisen bis heute alle nachtaktiven Säuger auf. Die Nachtaktivität bot den ersten Säugetieren einen großen Vorteil gegenüber den wechselwarmen möglichen Beutetieren wie Insekten, kleine Reptilien und Amphibien. *Ausktribosphenos nyktos*, einer der er-

Abb. 13 Säugetiere und Dinosaurier entstanden ungefähr zur selben Zeit in der späten Trias. Während die Dinosaurier die Erde für die nächsten 140 Millionen Jahre beherrschten, waren die Säugetiere nicht ganz untätig in ihrer Entwicklung: In der Regel waren sie nachtaktiv und verbesserten so stetig Augen und Geruchssinn. Die dargestellte Szene aus der Oberkreide der Mongolei zeigt eine Familie von rattengroßen Säugetieren (Deltatheriden) bei der Nahrungssuche (unten) in der Nähe von Protoceratopsiern (oben).

sten nachtaktiven Säuger, konnte daher in den hohen Breitengraden der südlichen Hemisphäre in den langen Winternächten überleben. Sein zungenbrecherischer Name setzt sich zusammen aus: «Aus» (südlich), «K» (Geologen-Abkürzung für Kreidezeit) und «tribosphenisch» (Bezeichnung für die dreihöckrigen Backenzähne der Beutel- und Plazentasäugetiere). Der Artname *nyktos* bezieht sich auf seine wahrscheinliche Nachtaktivität und die längeren Polarnächte. Seit mehr als 150 Jahren herrschte die allgemeine Lehrbuchmeinung, dass die Säugetiere mit tribosphenischer Bezahnung (mit reibend-quetschender Funktion) in der Unterkreide der nördlichen Hemisphäre auf der Stammlinie der Theria (Beuteltiere und Plazentalia) entstanden sind. Dieses Bild wurde in jüngster Zeit durch die Hypothese einer unabhängigen Entstehung der tribosphenischen Molaren in einer separaten Entwicklungslinie von Säugetieren der Südhemisphäre, den Australosphenida - 25 Millionen Jahre früher - in Frage gestellt. Die Australosphenida werden als Stammlinienvertreter der Monotremen angesehen, wie Funde in Australien gezeigt haben.

Die meisten Wirbeltiere sehen ihre Umwelt - ganz im Unterschied zu den Säugern - in Farbe. Eine Ausnahme bilden die Primaten, die eine ganz exzellente Farbsichtigkeit besitzen, um reife Früchte besser erkennen zu können. Da die Netzhaut nur eine recht begrenzte Fläche zur Verfügung stellt und es zwei unterschiedliche Rezeptorentypen für das Hell- und Dunkelsehen und das Farbensehen - die Stäbchen und Zapfen - gibt, geht die Verbesserung des Hell- und Dunkelsehens immer auf Kosten des Farbsehens. Da nur farbensehende Tiere bunt gefärbt sind und durch diese Färbung mit ihren Artgenossen kommunizieren können, wundert es wenig, daß es viele bunte Vögel und Fische gibt und die Säuger meist alle das oft zitierte «Straßenköterblond» tragen.

56. Was ist ein Seeungeheuer? In den Schlagzeilen der Presse sind Seeungeheuer wie Nessie aus dem schottischen Loch Ness zumeist während der nachrichtenarmen Ferienzeit anzutreffen. Bildlich dargestellt wird das Urvieh zumeist als Kreuzung zwischen Seeschlange und Plesiosaurier, jenen langhalsigen Meeressauriern, die in der Mitte der Trias erstmals auftauchten. Die kleinköpfigen, echten Plesiosaurier waren jedoch alles andere als ungeheuerlich. Natürlich waren sie groß, teilweise bis zu 14 Meter lang, doch fraßen sie ganz unspektakuläre Kost: Fische und Ammoniten. Die eher kurzhalsigen,

Abb. 14 Räuber im Jura-Meer: Von den Meeresreptilien waren die Fischsaurier (Ichthyosaurier) die einzigen, die eine typische Fischform ausbildeten. Hierzu gehörte ein stromlinienförmiger Körper mit Flossen und ein sichelförmiger Schwanz, der beim Schwimmen den Antrieb besorgte. Sie hatten mit bis zu 26 cm Durchmesser die größten Augen, die es jemals in der Tierwelt gab; heute sind es die Blauwale, deren Augen mit 15 cm Durchmesser den Rekord halten. Ichthyosaurier gebaren ihren Nachwuchs lebend, denn sie konnten zur Eiablage nicht mehr das Land aufsuchen. Als Beutegreifer fanden sie reichlich Nahrung zum Beispiel unter den Cephalopoden (Kopffüßern).

großköpfigen Pliosaurier, ihre nächsten Verwandten, waren ebenfalls keine echten Ungeheuer; mit nur 12 Metern Länge ernährten sie sich ebenso einfach, nämlich von mittelgroßen Wirbeltieren. Imposant war die Halslänge der Plesiosaurier mit 71 Halswirbeln und einer

Länge von bis zu 8 Metern. Auf und ab bewegen konnten die Saurier-Riesen ihren Hals jedoch nicht. Man vermutet, daß die Tiere, vergleichbar mit der Körperbewegung von Hechten, seitlich ausschlagen konnten, um so ihre Beute zu fangen. Ihre Flossenpaare, die seitlich am großen eher starren Körper ansetzten, wurden wie Flügel beim Schwimmen eingesetzt. Die Seeungeheuer der Urzeit teilten sich ihr Reich mit den verwandten Ichthyosauriern – Reptilien, die bereits vor 90 Millionen Jahren, also bereits 25 Millionen Jahre vor den Dinosauriern, wieder ausstarben.

Ichthyosaurier – fischgestaltige Saurier – gab es in allen Größen: vom 15 Meter langen *Shonisaurus* bis zum ein Meter kurzen *Mixosaurus*. Ihr Bauprinzip war immer gleich – die Körperform spindelartig und bis auf das hintere Flossenpaar und die Schwanzflosse, die wie bei Haien senkrecht stand, ähnelten sie Delfinen. Mit einem Durchmesser von 26 Zentimetern hatten Ichthyosaurier wie der 9 Meter lange *Temnodontosaurus* die größten Wirbeltieraugen, die möglicherweise für die Jagd in der Tiefsee ausgebildet worden waren. Zumindest legen Fossilien mit Mageninhalt diese Vermutung nahe. Ihren Nachwuchs gebaren die Urseeungeheuer wohl lebend. Bei 200 Millionen Jahre alten Fossilien von 3 Meter langen Angehörigen der Art Stenopterygius konnte belegt werden, daß das Ei jeweils so lange im Körper blieb, bis der Embryo fertig entwickelt war und dann durch die Kloake – das Ausscheidungsorgan des Muttertieres – zur Welt kam. Diesen Geburtsvorgang nennt man Ovoviviparie – Ei-Lebendgeburt. «Normale» Reptilien legen allerdings Eier an Land, ein Vorgang, der wohl bei den Ichthyosauriern unmöglich war; zu sehr waren sie an das Leben im Wasser angepaßt.

57. Wann entstanden Dinosaurier? Die ältesten bekannten Dinosaurier sind fleischfressende Zweibeiner: *Eoraptor* und der 3 bis 5 Meter große *Herrerasaurus* stammen aus der Zeit der späten Trias. Ihr Alter wird auf 225–228 Millionen Jahre geschätzt. Gefunden wurden die beiden «Großeltern» der Dinosaurier in der Ischigualasto-Formation in Argentinien. Revolutionär an den Urdinosauriern war das Bauprinzip der Tiere: Beine, die gerade unter dem Körper platziert waren und den zweibeinigen Gang ermöglichten, waren ein Novum in der damaligen Tierwelt. Die nächsten Verwandten der Dinosaurier waren die gleichzeitig existierenden Krokodile und die Flugsaurier, die ersten Eroberer des Luftraums. Alle drei Gruppen,

Dinosaurier, Reptilien und Flugsaurier, weisen einen ähnlichen Schädelbau auf. Trotz ihrer Vielfalt und der Aufspaltung in zwei Großgruppen, die Saurischier (Echsenbecken-Dinosaurier) und die Ornithischier (Vogelbecken-Dinosaurier) vermutet man, daß Dinosaurier nur einmal entstanden sind. Unter den Fossilien von Landtieren sind Urdinosaurier weltweit eher spärlich vertreten. Nur in Südamerika sieht es anders aus; hier tauchen zahlreiche unterschiedliche Überreste aus der Urzeit der Dinosaurier auf. Aus diesem Grund vermuten Experten das Zentrum der frühen Dino-Evolution in Südamerika. Da die ersten Dinosaurier in ihren Revieren nicht auf Kontinente oder gar Länder beschränkt waren, findet man heute Dinosaurierreste weltweit: Von Schottland bis Malawi besiedelten die Saurier den Urkontinent Pangaea; selbst in der Antarktis konnten Dinos nachgewiesen werden. In Deutschland scheint der Urahn der Dinosaurier bislang unbestritten der 220 Millionen Jahre alte *Plateosaurus* zu sein. Ein großer Vegetarier, der als möglicher Vorfahre der großen langhalsigen Dinosaurier (Sauropoden) gehandelt wird. Ähnliche Dinosaurier wie *Plateosaurus* findet man in gleichaltrigen Schichten in Nord- und Südamerika, Südafrika und Indien.

Heute sind rund 450 verschiedene Dinosauriergattungen mit ca. 550 Arten bekannt, die je nach Art in ihrer Größe variierten. Der kleine fleischfressende *Microraptor* galt bis vor kurzem als kleinster ausgewachsener Dinosaurier mit einer Länge von unter 40 cm. Der Riese unter den Dinosauriern ist der Sauropode *Argentinosaurus* aus der Kreidezeit mit einer Körperlänge von über 30 Metern, allerdings wurden von diesem Tier bislang nur Skeletteile gefunden. Größe und Nahrungsvorlieben spielen jedoch keine Rolle bei der Aufteilung der Dinosaurier in die oben erwähnten beiden Hauptgruppen, die sich anhand des Beckenbaus unterscheiden lassen: Saurischier, das sind die zweibeinigen Raubsaurier (Therapoden), und die Sauropoden, vierbeinige Pflanzenfresser mit langem Hals, haben ein Becken, das dem eines Krokodils sehr ähnelt. Die ausschließlich pflanzenfressenden Ornithischia, die ein eher langgestrecktes vogelartiges Becken aufweisen, kann man grob in vier Gruppen unterteilen: 1) die ursprünglichen Ornithischa, kleine zweibeinige Dinosaurier, 2) die Panzerdinosaurier wie beispielsweise die stachelschwänzigen Stegosaurier, 3) die Vogelfuß-Dinosaurier, wie die entenschnabeligen Hadrosaurier und 4) die Breitschädel (Marginocephalia) mit den zweibeinigen dickschädeligen Pachycephalosauriern und den Horndinosauriern (Ceratopsia).

58. Wie lebten Dinosaurier? Wie schlau waren Dinosaurier, wie lebten sie und was verzehrten sie? Diese Fragen stellte man sich in der Wissenschaft bereits früh. Eine Antwort auf erstere Frage hatte man bald parat: Dinosaurier, so die Lehrmeinung, die sich auf Funde von riesigen Sauropoden durch die amerikanischen Paläontologen Othniel Charles Marsh und Edward Drinker Cope in den 1880er Jahren gründete, waren langsame und unbeholfene Kreaturen. Kein Wunder also, daß sie irgendwann aussterben mußten. Erst vor 40 Jahren näherte sich die wissenschaftliche Meinung dem Bild von lebhaften, intelligenten Tieren an. Heute besteht Einigkeit darüber, daß die Dinosaurier, die mehr als 150 Millionen Jahre das Leben auf der Erde bestimmten, eine der erfolgreichsten Tiergruppen in der Evolutionsgeschichte des Lebens waren. Zu ihrem Überlebenserfolg trug die bei Theropoden durchgängige zweibeinige Bewegung bei. Man nimmt an, daß selbst vierfüßige Dinosaurier vom anatomischen Vorteil der unter dem Körper ansetzenden Beine Gebrauch machten, und sich auf die Hinterbeine stellten, um beispielsweise an Blätter von Bäumen zu gelangen. Die Vogelfuß-Dinosaurier waren möglicherweise in der Lage, beide Gangarten wählen zu können, was sie dazu befähigte, sowohl große Strecken gemächlich auf vier Beinen als auch kurze Strecken etwas schneller auf zwei Beinen zurücklegen zu können. Kleine zweibeinige Dinosaurier konnten vermutlich ebenso schnell laufen wie heutige Straußenvögel, also immerhin 70 Stundenkilometer, während große Dinosaurier allein aufgrund ihres Gewichtes viel langsamer waren.

Alle Dinos waren Zehengänger, selbst die tonnenschweren Sauropoden liefen auf den Zehenspitzen. Ihre Zehenknochen bildeten runde Säulen, dazwischen war zu Lebzeiten wahrscheinlich ein federndes Fettpolster. Genauso vielfältig wie die Fortbewegungsarten der Dinosaurier war ihre Diät, die man den fossilen Dinos buchstäblich von den Zähnen ablesen kann: Waren die Zähne spitz und dünn, aßen Dinosaurier wie *Baryonyx* Fisch. Spitze, scharfe Zähne mit eher rundem Querschnitt waren dagegen eher zum Verspeisen von Fleisch mit Knochen geeignet. Spitze, scharfe und dünne Zähne mit einem eher flachen Querschnitt lassen auf eine fleischhaltige Kost ohne Knochen schließen. Zahnlose Dinos wie *Oviraptor* verspeisten mit ihrem Schnabel Schnecken und andere Weichtiere. Die Vegetarier unter den Dinosauriern wie *Diplodocus* weisen stiftförmige Zähne auf, die nur vorne im Kiefer zu finden waren. Mit ihnen konnten die Urzeittiere

Blätter von Bäumen zupfen und ohne weiteres Kauen verschlingen. Die Verdauung des rohen Grünzeugs übernahm der riesige Magen- und Darmtrakt. Spatelförmige und viele flache Zähne weisen ebenfalls auf grüne Nahrung hin; ein spitzer Hornschnabel mit Scherengebiß wie bei *Triceratops* war ein geeignetes Werkzeug, um holzige Pflanzen von ihrem Stiel abzuzwicken. Säugerähnliche Gebisse mit mehreren Zahntypen sind von Fossilfunden des Heterodontosaurus und Incisivisaurus bekannt.

Doch wie war es um den Stoffwechsel der Dinosaurier bestellt? Die Diskussion um die Warmblütigkeit der Urzeitbewohner wird durch fossile Federabdrücke an kleinen Therapoden bestätigt. Die extreme Größe der Langhalssaurier wie *Brachiosaurus* läßt vermuten, daß Dinosaurier ein Herz mit komplett getrenntem Körper- und Lungenkreislauf aufwiesen. Ein hoher Blutdruck war notwendig, um das Blut bis in das Gehirn pumpen zu können, ohne daß das Blut in die Lunge geriet, da sonst Blutgefäße platzen würden. Ein weiteres Argument für die Warmblütigkeit von Dinosauriern ist, daß ihre direkten Nachfahren, die warmblütigen Vögel, getrennte Herzkammern aufweisen.

Für die Fortpflanzung der Dinosaurier gibt es bislang nur Hinweise auf die bis heute bei Vögeln typische Vermehrung. Eier wurden in eine Art Nest gelegt und zum Teil sogar bewacht oder bebrütet. Selbst die Pflege von Jungdinos konnte nachgewiesen werden: Von *Maiasaurus* und *Psittacosaurus* hat man Fossilien von Erwachsenen neben Gruppen von Jungtieren gefunden. Die Brutpflege läßt unter anderem auf ein mehr oder weniger geregeltes Herdenleben der Tiere schließen, die sich akustisch miteinander verständigt haben könnten. Inwieweit sich Dinosaurier über nahende Gefahren informieren konnten bleibt ungewiss. Sicher ist nur, daß in der Nahrungskette die Therapoden die Spitze einnahmen und die riesenhaften Sauropoden kaum natürliche Feinde hatten.

59. Wie wanderten Dinosaurier von Australien nach Amerika?
Die ältesten Dinosaurier, die in Australien gefunden wurden, kann man auf ein Alter von 115 Millionen Jahren datieren. Wie die Dinos genau nach Australien kamen, ist bislang noch unklar. Doch nimmt man an, daß der Superkontinent Pangaea das Sprungbrett in die neue Dinowelt war. Auf der Wanderroute der kreidezeitlichen Dinosaurier lag unter anderem auch die heutige Antarktis – eine Gegend, in der

man eher keine Fossilfunde vermuten würde. Im Unterschied zur heutigen australischen Tierwelt gab es jedoch damals keine endemischen – nur in einer bestimmten Region heimischen – Dinosaurierformen. Alle bislang dort gefundenen Dinosaurier haben zwar ihre eigene Gattung, lassen sich aber bekannten Familien zuordnen, was bedeutet, daß Australien während der Kreidezeit nicht ganz isoliert gewesen sein kann. In der Jurazeit war Australien eine große Halbinsel von Gondwana, das heißt, daß ein Faunenwechsel (Wanderung von Tiergesellschaften) in beide Richtungen möglich war. Südafrika und Indien, die zwischen Australien und Südamerika lagen, dienten wohl als Durchgangsstationen der Dinowanderungen.

Biogeographisch teilt man die australische Dinofauna in zwei Gruppen: Die erste war bereits zu Beginn der Kreidezeit auf anderen Erdteilen äußerst erfolgreich heimisch geworden, die andere Gruppe umfaßte die Dinosaurier, deren früheste fossile Reste aus Australien stammen. Entweder entstanden diese Gruppen in Australien und wanderten dann aus, oder die Fossilfunde beider Gruppen sind an anderen Flecken der Erde so rar, daß man ihre Spuren bislang einfach noch nicht gefunden hat. Der zweiten Gruppe gehören jedenfalls die Oviraptoren und die Ceratopsier an – beide Formen sind aus dem heutigen Nordamerika und Asien gut bekannt. Laurasien – der Nordkontinent – war zu diesem Zeitpunkt, also während des Oberen Jura, bereits von Gondwana – dem Südkontinent – abgetrennt. Wie aber fanden die Dinos dann ihren Weg dorthin? Dienten vielleicht Inseln als Trittsteine? Ein Problem bei dieser Erklärung ist die Tatsache, daß die fossilen Säugerfaunen aus Australien und Asien sich mehr als deutlich voneinander unterscheiden: Es gibt keine einzige gemeinsame Familie und warum sollten nur Dinosaurier von einer Insel zur anderen gewandert sein – das macht wenig Sinn. Ein weiteres ungeklärtes Rätsel ist das Fehlen von fossilen Spuren der Ceratopsier und Oviraptoren in Südamerika oder Südafrika – Lokalitäten, die sie viel einfacher hätten besiedeln können. Mikrokontinente, die von Australien abbrachen wie beispielsweise die westburmesische Mikroplatte, bilden – als Stationen – eine viel plausiblere Antwort auf die Frage nach den Wanderbewegungen der Dinos: Innerhalb von 80 Millionen Jahren hätten diese Platten wie langsam fahrende Schiffe alle Lebewesen auf den abgespaltenen Flächen von Australien nach Eurasien verfrachten können.

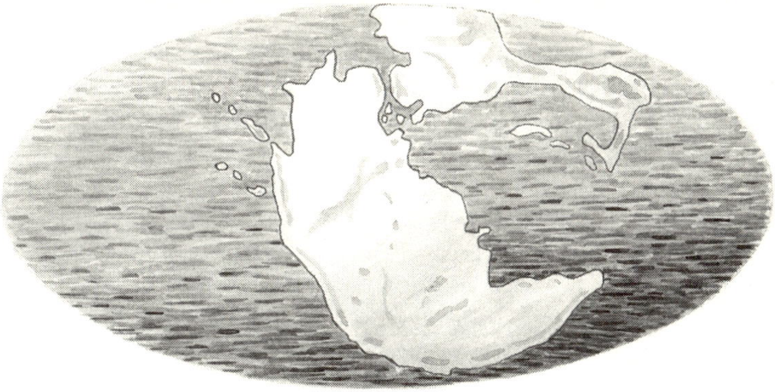

Abb. 15 Die Lage der Kontinente im Erdzeitalter der Trias-Zeit vor ca. 207 Mio. Jahren. Der Superkontinent Pangaea mit dem heutigen Nordamerika, Europa, Nordasien, Afrika, Südamerika, Indien, Australien und der Antarktis bedeckte fast die eine Hälfte der Erde; die andere bestand aus Meer.

TRIAS (vor 251 bis 200 Millionen Jahren vor heute): Von Reptilien und frühen Säugern

60. Warum heißt die Trias Trias? Die Gesteine Bundsandstein, Muschelkalk und Keuper bilden eine Dreiheit, Trias genannt. Der Name dieses Erdzeitalters bezieht sich strenggenommen nur auf die in Mitteleuropa ersichtliche Dreiteilung dieser Epoche. Der Geologe Friedrich August von Alberti, der Salzvorkommen finden und erschließen sollte, veröffentlichte 1834 «Beiträge zu einer Monographie des Bunten Sandsteins, Muschelkalks und Keupers und die Verbindung dieser Gebilde zu einer Formation» und führte damit die Bezeichnung Trias für den ältesten Abschnitt des Erdmittelalters ein. Amerikanische Lehrbücher unterteilen dieses Erdzeitalter für außereuropäische Regionen in Untere, Mittlere und Obere Trias und verweisen für Europa auf Buntsandstein, Muschelkalk und Keuper.

Selbst in Europa unterteilt man noch einmal in Alpine, durch Meeresablagerungen gekennzeichnete, und Germanische Trias, in der Festlandablagerungen stattfanden. Soviel zur Nomenklatur. Das Leben in der Trias war geprägt von einem anfangs trockenen, später feuchteren Klima, in dem sich die drei Gesteinsarten Buntsandstein vor 251–245 Millionen Jahren, Muschelkalk vor 240–228 Millionen Jahren und Keuper vor 228–200 Millionen Jahren bildeten. Der farbige Buntsandstein entstand in einer Zeit der Trockenheit: Bärlappgewächse, Schachtelhalme, Farne, Nadelbäume, Gingkos und Palmfarne besiedelten den Erdboden. Faunenfossilien aus dieser Zeit sind in Form von Wurmbauten bekannt und als «Handtier»-Fährten. Diese ominösen Abdrücke erinnern an eine menschliche Hand, stammen jedoch höchstwahrscheinlich von den Ruisuchiern, sogenannten Scheinkrokodilen. Der anschließende Gesteinsabschnitt des Muschelkalks entstand – wie der Name vermuten läßt – aus Ablagerungen eines flachen Meeres, das Muscheln in kalkhaltigem Sediment einschloß. Fossil erhalten sind aus dieser Zeit der Giraffenhalssaurier, der in Bayreuth gefunden wurde. Sein Hals war mehr als halb so lang wie sein gesamter Körper. Die etwa 1,20 Meter große Pflasterzahnechse Placodus ist benannt nach ihren Zähnen, die an Kopfsteinpflastersteine erinnern. Das einzige fast vollständig erhaltene Skelett dieser Echse befindet sich übrigens im Frankfurter Naturmuseum Senckenberg. Woher der Name Keuper stammt, ist bislang ungeklärt. Jedenfalls bot dieser Zeitabschnitt Urviechern wie dem größten Amphibium der Erdgeschichte, *Mastodonsaurus*, mit einem imposanten Körper von vier Metern Länge, genügend Raum zur Entfaltung. Und auch der wie eine Schildkröte bepanzerte Pflasterzahnsaurier *Henodus* und *Plateosaurus*, einer der ältesten Dinosaurier, lebten während des Keuper.

61. Warum können wir kauen? Der Trend zur Aufgabenteilung im Gebiß, dem Zermahlen und Abbeißen, begann bereits bei den Therapsiden (säugerähnliche Reptilien). Die in der Trias auftauchenden Morganucodontiden entwickelten sogar bereits aufeinander schließende Backenzähne, die Molaren und Prämolaren. Zwar hatten sie noch einen mehrfachen, aber keinen kontinuierlichen Zahnwechsel mehr. Der Vorteil des paßgenauen Schließens der Zahnreihen von Ober- und Unterkiefer war die perfekte Verarbeitung von Nahrung, ohne daß dabei Zahnlücken entstanden wie bei den Reptilien, die permanent ihre Zähne wechselten. Die ersten Zähne, die Milchzähne, die an frühen Säugerschädeln gefunden wurden, gaben zudem darüber Auskunft, daß diese Tiere im Frühstadium ihrer Entwicklung gestillt wurden. Wäre dies nicht der Fall gewesen, so hätten Jungtiere von Geburt an ein komplettes Gebiß aufweisen müssen. Vor 125 Millionen Jahren tauchten dann mit den Plazenta- und Beuteltieren die ersten Theria auf: Sie besaßen ineinandergreifende Zähne mit insgesamt drei Höckern. Diese Zähne werden als tribosphenische Molaren bezeichnet. Vorteil dieses extravaganten Kauwerkzeugs war die durch die schneidende und mahlende Kautechnik verbesserte Nahrungsverwertung, was wiederum den Energiehaushalt des Tieres verbesserte. Moderne Allesfresser wie beispielsweise das Opossum besitzen noch heute die ursprüngliche Form dieses Zahntyps. Bei anderen modernen Säugern hat sich der tribosphenische Backenzahntyp allerdings sehr vielfältig weiterentwickelt: Elefantenzähne weisen Okklusionsflächen auf – an denen die oberen und unteren Backenzähne aufeinanderschließen, die an Turnschuhsohlen erinnern; Aasfresser wie Hyänen haben eine regelrechte Brechschere mit stark ausgeprägten Höckern.

Durch das neue «sekundäre Kiefergelenk» bei Säugetieren wurde erstmals in der Evolution des Kauens auch eine Seitwärtsbewegung des Kiefers möglich. Durch diese Erfindung eines regelrechten Kauzyklus, der aus Scheren, Reiben und Quetschen besteht, wurde eine Idealvoraussetzung für das Aufschließen von pflanzlicher Nahrung geschaffen: Da wir nicht in der Lage sind, die Cellulosewände von Pflanzenzellen zu zersetzen, mußte ein mechanischer Weg gefunden werden, an das verwertbare Zellinnere zu kommen. Richtige Vegetarier unter den Säugetieren wie beispielsweise Kühe oder Schafe gehen sogar noch einen Schritt weiter: Sie gründen eine regelrechte Lebensgemeinschaft – Symbiose – mit Einzellern, die Cellulose verdauen können. Dinosaurier, die des Seitwärtskauens nicht fähig waren, könnten ihr Mahlproblem mittels Aufnahme von Steinen beim Essen gelöst haben.

Entenschnabeldinosaurier, die Hadrosaurier, waren gegenüber anderen Dinos im Vorteil durch ihre Zahnbatterien – ein Kiefer, der aus vielen Tausenden von Einzelzähnen bestand, die zusammen eine große Reibefläche boten. Um den Mund beim Kauen auch seitlich schließen zu können, erfand die Natur die Wangen, die bei Dinos nur zum Teil vorhanden waren. Zusammen mit den Lippen und dem sekundären Gaumen, der den Nasen- vom Gaumenraum abtrennt, so daß man gleichzeitig atmen und kauen kann, wurden perfekte Voraussetzungen geschaffen für die Millionen Jahre später stattfindende Entwicklung des Gebisses vom *Homo sapiens.*

62. Warum hören Menschen mit dem Kiefergelenk der Krokodile?
Der Übergang vom Reptil zum Säuger läßt sich geradezu schulbuchmäßig mit der Bildung der Mittelohrknochen aus den Kieferknochen von Reptilien nachvollziehen. Bei den Reptilien bildet der Gelenkknochen (Articulare) am Unterkiefer mit dem Quadratbein (Quadratum) an der Unterseite des Schädels das sogenannte primäre Kiefergelenk. Bei Säugern dagegen wird der Unterkiefer nur noch aus einem einzigen Knochen, dem Zahnbein oder Dentale gebildet, das mit dem Schläfenbein des Schädels eine Gelenkverbindung («sekundäres Kiefergelenk») bildet. Vorteil der neuen anatomischen Zusammensetzung eines sekundären Kiefergelenks ist die Stabilität des Unterkiefers. Da er nur noch aus einem einzigen Knochen besteht, werden seitliche Bewegungen der Kaumuskulatur möglich, die eine gezieltere Nahrungsverwertung erlaubt.

Das primäre Kiefergelenk verschwindet bei Säugern allerdings nicht, sondern es wird zu Gehörknöchelchen umgebildet. Hammer und Amboß entsprechen den Reptilien-Kiefergelenk-Knochen Articulare und Quadratum. Wir Säugetiere hören also mit Knochen, mit denen Reptilien gekaut haben. Das ist deshalb kein Widerspruch, da Reptilien über das Kiefergelenk schon immer auch Schallwellen (Bodenschall) übertragen haben. Bei den frühen Therapsiden - säugerähnlichen Reptilien -, wie beispielsweise *Dimetrodon*, lag das Kiefergelenk noch wie bei heute lebenden Reptilien zwischen Articulare und Quadratum und das Ohr lag hinter dem Kiefer. Dadurch können Reptilien über die Unterkieferknochen niederfrequente Bodenwellen hören und spüren - Geräusche, die an uns Menschen spurlos vorüberziehen würden. Da Säugetiere aber hochfrequenten Luftschall hören, wurde der schalleitende Apparat miniaturisiert und von der gleichzeitigen Kiefergelenksfunktion befreit. Daher entsteht ein neues, sekundäres Kiefergelenk, das primäre Kiefergelenk wird ins Mittelohr integriert.

Die Übergangsgruppe der «moderneren» Cynodontier (Hundszähnige) der Trias besaß eine zeitlang sogar beide Gelenktypen nebeneinander. Das Trommelfell wurde durch Knochen unterstützt, die unserem Steigbügelknochen im Ohr entsprechen. So konnten Schallwellen zum empfindlichen Teil des Innenohres übertragen werden. Bei den Cynodontiern war das Zahnbein des Unterkiefers deutlich größer. Die späteren Gehörknöchelchen drängten sich um das Kiefergelenk und das Trommelfell lag in einem von den Gehörknöchelchen gebildeten Schlitz. Geräusche aus der Natur wurden über diese

Abb. 16 *Megazostrodon*, eines der frühesten Säugetiere aus der späten Trias Südafrikas (Karroo-Schichten), war den heutigen Spitzmäusen sowohl in Größe, Proportionen und Lebensweise sehr ähnlich. Der Kopf war gut beweglich und die Zähne wie bei heutigen Säugetieren differenziert. Höchstwahrscheinlich war *Megazostrodon* nachtaktiv und hat sich von Insekten ernährt.

Knochen und über das von Hammer und Amboß gebildete Kiefergelenk zum Steigbügel und von dort ins Innenohr übertragen. Dieses sogenannte doppelte Kiefergelenk hatte deshalb auch eine Dualfunktion: nämlich die des Hörens und des Kauens. Bei Säugetieren, auch bei uns Menschen, ist in der frühen Ontogenese, ca. in der 10. Schwangerschaftswoche, ein primäres Kiefergelenk knorpelig ausgebildet; der Knorpelvorläufer des späteren Hammer reicht weit bis in den Unterkiefer, während das sekundäre Kiefergelenk noch im Wachstum ist. Da Beuteltiere schon im Alter von 3 Wochen geboren werden, saugen sie anfänglich tatsächlich mit ihren Gehörknöchelchen!

63. Seit wann gibt es Säugetiere? Die spitzmausähnlichen unaussprechlichen Morganucodontiden waren die ersten echten bekannten Säugetiere. Ihre fossilen Fragmente stammen aus der oberen Trias vor rund 210 Millionen Jahren und aus dem Unteren Jura. Ein gut bekannter Vertreter ist *Megazostrodon*, was übersetzt soviel heißt wie «großer Tierzahn». Bei diesem Tier handelt es sich um eine Art aus Südafrika, die heutigen Insektenfressern ähnelt und wahrscheinlich nachtaktiv war und Eier legte. In die Gruppe der ersten Säuger gehören ebenfalls *Eozostrodon* und *Morganucodon*, die, wie alle Säugererstlinge, eine geringe Größe von nur etwa zehn Zentimeter Körperlänge aufwiesen. Möglicherweise stehen sie dem Ursprung der heutigen Monotremen (eierlegende Säugetiere) nahe. Bei ihnen waren viele Eigenschaften schon vorhanden, die ein Säugetier ausmachten: sie besaßen Fell, ihr Nachwuchs wurde gesäugt, sie waren warmblütig und hatten ein Gebiß mit unterschiedlichen Zahntypen. Jedoch wiesen sie noch einen mehrfachen Zahnwechsel auf und hatten neben dem (sekundären) Säugetier-Kiefergelenk das (primäre) Reptilien-Kiefergelenk noch in Gebrauch («double jaw joint»); eines der Paradebeispiel für evolutionäre Entwicklung.

Die Theria, die ersten echten Plazenta- und Beuteltiere, tauchten erst vor ungefähr 125 Millionen Jahren in der frühen Kreidezeit auf. Das älteste bekannte Beuteltier ist *Sinodelphis*, das «chinesische Opossum». Das älteste Plazentasäugetier, *Eomaia* – die Mutter der Morgenröte –, stammt ebenfalls aus China und weist dasselbe Alter auf. Das Auffinden dieser beiden Fossilien beweist die frühe Aufspaltung der Säuger in Plazenta- und Beuteltiere.

Heute existieren insgesamt drei große Säugergruppen. Zum einen sind es die Monotremata oder «Kloakentiere», wie das Schnabeltier. Kloakentiere verfügen wie Reptilien und Vögel über nur eine Körperöffnung für Enddarm, Harn- und Geschlechtswege und gelten aufgrund dieses Merkmals als die ursprünglichsten lebenden Säuger. Übrigens sind Schnabeltiermännchen die einzigen giftigen Säugetiere. Sie besitzen an der Innenseite ihrer Hinterbeine einen kleinen Giftsporn, den sie gegeneinander bei Revierkämpfen einsetzen. Das Gift eines 20 Jahre alten Schnabeltieres reicht aus, um einen Schäferhund zu töten.

Die Marsupialia, besser bekannt unter dem Begriff Beuteltiere, sind heute mit 230 rezenten Arten vertreten. Die Jungtiere kommen meist nach einer extrem kurzen Tragezeit von zehn bis 42 Tagen zur Welt und ziehen dann in den Beutel der Mutter ein, wo sie sich an der Zitze festsaugen. Das Mundgewebe wächst dabei fest, so daß der Nachwuchs beim Laufen, Hüpfen und Springen der Mutter nicht von der Zitze abfällt. Je nach Art des Beuteltieres saugt der Nachwuchs zwischen drei Monaten und einem Jahr. Dabei bekommt der Säugling auf die jeweilige Zeit angepaßte Milch: fettreiche Milch zum schnellen Aufbau von Körpermasse, zuckerreiche Milch, um die Kleinen, die sich womöglich schon außerhalb des Beutels befinden, in ihren Bewegungen zu unterstützen. Unabhängig vom Geschlecht und der Existenz eines Beutels besitzen alle Beuteltiere einen Beutelknochen.

Die Placentalia, oder Plazentatiere genannt, stellen mit 3800 rezenten Arten die größte Säugetiergruppe dar. Ihre Schwangerschaft dauert je nach Tierart zwischen 15 und 660 Tage und ihre Jungen werden - ganz im Gegensatz zu Beuteltieren - meist fast ausgereift zur Welt gebracht. Gesäugt wird der Plazentatiernachwuchs zwischen zwei Tagen und vier Jahren.

64. Wie entstanden die Kontinente? Eigentlich klingt es ganz einfach: Die Ganzerde *Pangaea* - der Urkontinent - war zur Zeit der Trias umgeben vom Ganzmeer *Panthalassa*, bis sich vor der heutigen Ostküste Afrikas und der Südküste Eurasiens ein neues Meer bildete, die Tethys. Europa und Afrika sowie Nord- und Südamerika hatten zu diesem Zeitpunkt bereits begonnen, sich zu trennen. Die Nachzügler der Kontinentverschiebung, Indien und Madagaskar, begannen erst in der Kreidezeit auseinanderzudriften und entfernten sich von der afrikanischen Ostküste. Während dieses Ereignisses öffnete sich der Indische Ozean; die heutigen Erdteile Antarktis und Australien trieben verbunden nach Osten und lösten sich damit vom südlichen Afrika.

Während der Kreidezeit erreichte der südliche Nordatlantik eine Breite von 4000 Kilometern und die Antarktis begann zu vereisen. Den Vorgang, der hinter all diesen spektakulären Bewegungen steckt, beschreibt man heute als Plattentektonik. Die komplexen Erdbewegungen beschrieb der britische Paläontologe Douglas Dixon einmal so: «Stellen Sie sich vor, Sie kochen eine sämige Suppe, irgendwann bilden sich an der Oberfläche kleine Schauminseln, die sich angetrieben von der Bewegung des kochenden Wassers zu größeren Inseln vereinen, um dann wieder auseinander zu brechen.» Diese Bewegungen umschreibt man mit dem Wort *Konvektion*, und um beim Bild des Kochens zu bleiben, erklärt sich dieser Prozess folgendermaßen: Das Wasser am Topfboden wird erwärmt, steigt auf, kühlt an der Oberfläche ab, sinkt auf den Topfboden, wird dort wieder erwärmt und steigt wieder auf. Bei tiefen Grabenbrüchen im Meer traten während eines solchen Vorgangs aus untermeerischen Vulkanrücken große Mengen

Basalt aus. Erkaltete der Basalt, so drückte er die nebeneinander liegenden tektonischen Platten auseinander und es entstand an diesen Stellen ein neuer Ozeanboden. Die Idee, daß die heutigen Kontinente wie Puzzlestücke aneinander passen könnten, legte man sie direkt aneinander, stammt bereits von dem deutschen Polar- und Geowissenschaftler Alfred Wegener. Seine blasphemische Behauptung, daß sich Kontinente zudem bewegten, nahmen viele Geologen aufgrund der Tatsache, daß Wegener «nur» Meteorologe war, nicht ernst. Was viele nicht wußten: Wegener war ein Naturforscher im klassischen Sinn des Wortes. Es gab kaum ein Naturphänomen, das vor seinem Forscher- und Entdeckerdrang sicher war. So fahndete er nach dem Meteoriten von Treysa (Hessen), untersuchte, wie sich Wolken bildeten, und brach bei seinen Messungen ganz nebenbei den damaligen Höhenrekord im Heißluftballonfahren. 1912 veröffentlichte er seine Hypothesen in dem Buch «Die Entstehung der Kontinente und Ozeane», doch sollte es noch bis zu 20 Jahre nach seinem Tod 1930 dauern, bevor seine Theorie wissenschaftlich untermauert werden konnte.

Die Bewegung der Erdplatten ist für den Planeten Erde lebenswichtig. Nur so bleibt die Welt lebendig, bildet Wärme, Wasserdampf und Kohlendioxid. Die tektonischen Bewegungen der Erde werden sogar in 250 Millionen Jahren dazu führen, daß es auf unserem Planeten erneut einen Superkontinent gibt.

65. Seit wann gibt es Muscheln? Die ältesten Muscheln stammen bereits aus dem unteren Kambrium. Zusammen mit den vorherrschenden Brachiopoden (Armfüßern) teilten sie als Tiere, die zum einen meist fest am Boden saßen, zum anderen das Meerwasser filterten, um ihm ihre Nahrung abzugewinnen, und die eine Schale trugen, denselben Lebensraum. Ihre Fähigkeit, sich im Sediment eingraben zu können, trug den Muscheln im Erdmittelalter einen enormen Vorteil ein: Während die an Stielen festsitzenden Brachiopoden hilflos den umherschwimmenden Beutegreifern ausgeliefert waren, konnten sich Muscheln im Sediment verstecken. Dies ist möglicherweise der Grund dafür, daß es die Muscheln geschafft haben, bis heute nach den Schnecken die vielfältigste Weichtiergruppe zu bilden. Auch wenn einige Muschelgruppen wie beispielsweise die riffbildenden Rudisten aus dem Oberjura und der Oberkreide, die in ihrem Aussehen an Steckrüben erinnern, ausgestorben sind, so hat doch das Erfolgskonzept der Muschelbauweise bis heute überlebt. Die Wassertiere besiedeln heute sowohl Süß-, Salz- als auch Brackwasser und mit *Yoldiella haldalis* gibt es sogar Tiefseemuscheln, die noch in einer Tiefe von bis zu 10 000 Metern leben. Auch wenn man Muscheln kein Sehvermögen zutrauen würde – vor allem nicht, wenn sie als kulinarische Leckerei auf einem Teller serviert werden –, so gibt es doch einige Arten, wie beispielsweise die Kammuscheln, die am Mantelsaum, also am Rand ihres Körpers, richtige Linsenaugen aufweisen. Seit der Urzeit ernähren sich Muscheln wohl durch das Ausfiltern von Nahrungspartikeln aus dem Wasser. Diese Filtration übernehmen ihre Kiemen. Was viele Feinschmecker nicht wissen ist, daß Muscheln unter Biologen gemeinhin als Abfallfresser bekannt sind. Sie fressen alles, sogar giftige Algen, die sich im Weichteilkörper der Muschel ablagern und von *Homo sapiens* mitverspeist werden. Muscheln selbst besitzen keinen Mund, mit dem sie Nahrung zerkleinern könnten. Ihr Mahlwerk befindet sich im Magen: Eine Art Kristallstab zerreibt die Nahrung an den Magenwänden. Bei Seeleuten gefürchtet waren die in Holz bohrenden Muscheln, die als sogenannte Schiffsbohrwürmer in Zeiten des Holzschiffbaus immense finanzielle Verluste verursachten. Räuberische Muscheln, die kleine Tiere auf der Meeresoberfläche einsaugen, sind genauso bekannt wie Miesmuscheln, die sich mit Eiweiß- und Kollagenfäden am Untergrund festkleben und so nicht von der Strömung erfaßt werden können. Die einheitlich aussehenden Muscheln sind geschlechtlich sehr wohl unterscheidbar. Es gibt Männchen und Weibchen, und Muscheln können sogar, zumindest einmal im Leben, ihr Geschlecht wechseln. Ihre Jungen werden als Larven in den Kiemen oder dem Mantel abgelegt und harren dort ihrem «coming out» als Jungmuschel. Einige Süßwassermuschellarven leben auch parasitisch in den Kiemen oder an den Flossen von Fischen. Natürliche Feinde der Muscheln sind Schnecken, Seesterne und Tintenfische, die mit ihrer Raspelzunge bzw. ihrem Schnabel Löcher in die Muschelschale bohren können. Durch das Loch injizieren Schnecken Gift, der Schließmuskel der Muscheln erschlafft und die Schalen klappen auf, so daß der Freßfeind den Organismus darin verzehren kann.

66. Hatten Frösche Glück? Den Froschkönig gibt es nicht nur im Märchen. Bis heute sind Frösche die artenreichste Gruppe unter den Amphibien mit 4200 rezenten – heute noch anzutreffenden – Arten im Vergleich zu gerade einmal 5000 Amphibienarten überhaupt.

Außer den Fröschen, die wie die Kröten zu den schwanzlosen Lurchen gezählt werden, gibt es noch zwei weitere Gruppen von Amphibien: Schwanzlurche, wie Salamander und Molche, und Blindwühlen. Das ist die Situation der Amphibien heute. Doch wie sah das Leben der Frösche und ihrer Familienmitglieder während der Urzeit aus, vor allem während des Perm, als nur 2 von 100 Amphibienarten überlebten?

Als Amphibien bezeichnet man alle fossilen Wirbeltiere, die zwar schon Gliedmaßen besaßen, aber noch stark ans Wasser gebunden waren, weil sie, im Gegensatz zu Reptilien, Säugern und Vögeln, keine hartschaligen Eier legten. Zoologen benutzen für die drei heute lebenden Amphibiengruppen und ihre direkten Vorfahren auch den Begriff Lissamphibien, um sie von ihrer komplexen und vielfältigen fossilen Verwandtschaft zu unterscheiden. Die Tiergruppe, die man als Amphibien oder frühe Tetrapoden (Vierfüßer) zusammenfassen könnte, entstand im Devon und entwickelte im Perm ihre größte Vielfalt mit insgesamt 100 Gattungen in 40 Familien. Amphibien im Perm besiedelten die Ufer von Flußdeltas, ein Lebensraum, der ihnen bald durch die säugetierähnlichen Reptilien streitig gemacht wurde. Während man Schwanzlurche und Blindwühlen fossil erst seit dem Jura kennt, fand man einen frühen Vertreter der Frösche bereits an der Grenze vom Perm zur Trias. Sein wissenschaftlicher Name: *Triadobatrachus massinoti*; mit zehn Zentimetern Körperlänge in Madagaskar gefunden, stellte er schon ein recht großes Exemplar dar. Der Beckengürtel des Riesenfrosches verrät, daß er durch kräftige Beinbewegungen im Wasser schwamm. Der Schädel des Fossilfroschs sieht dem der heutigen Frösche schon sehr ähnlich, allerdings besaß er im Unterschied zu heutigen Fröschen noch als Erwachsener ein kleines Schwänzchen, das aus 5 bis 9 Wirbeln bestand. Frösche gehörten jedenfalls zu den Amphibien, die den Übergang vom Perm zur Trias überlebten und selbst an der Grenze zwischen Trias und Jura nicht hinweggerafft wurden. Ihre geringe Körpergröße und vielleicht sogar ihre konkurrenzlose Fortbewegungsweise machten sie in der Trias zur beherrschenden Amphibiengruppe. Vielleicht aber hatten die Frösche auch einfach nur Glück und überlebten so die Krisen der Urzeit.

67. Waren Krokodile immer Beutegreifer? Alle heutigen Krokodile sind im Wasser lebende Räuber – Kaimane, Alligatoren und Gaviale mit eingeschlossen. Durch ihr unvollständig gekammertes Herz können die Tiere beim Tauchen ihren Lungenkreislauf abkoppeln; Nasen und Rachenraum sind voneinander getrennt, so daß sie mit geöffnetem Maul unter Wasser durch die Nase atmen können, wenn diese aus dem Wasser herausragt. Krokodile können springen, rennen und jagen und fressen nahezu alle Wirbeltiere, die sie erwischen können, sogar Vögel. Krokodile weisen also eine ziemlich geschickte Lebensweise auf, die sich seit der Urzeit erhalten hat. Die fossilen Phytosaurier, entfernte Verwandte der Krokodile aus der Trias, hatten eine ähnliche Lebensweise und ihre Körpergestalt ähnelt verblüffend der heutiger Gaviale, die Fische fangend in Indien leben. Der einzige kleine Unterschied liegt im Sitz der Nasenöffnungen. Diese saßen nicht an der Schnauzenspitze, sondern nahe den Augen. Zusammen mit den Dinosauriern und deren lebenden Nachfahren, den Vögeln, bilden Krokodile die Gruppe der sogenannten Herrscherreptilien. Diese Gruppe der Archosaurier war in der Trias sehr vielfältig, bis schließlich nur noch die Dinosaurier und die echten Krokodile, kreidezeitlichen Notosuchier und die Meereskrokodile überlebten.

Alle Krokodile und deren Verwandte waren Landbewohner, bis auf ein paar Familienmitglieder im Jura, die noch stärker als unsere heutigen Krokodile an ein Leben im Wasser angepasst waren. Bei den Landbewohnern gab es eine Gruppe, die sich – im Gegensatz zu anderen beutegreifenden Krokodilen – vegetarisch ernährte. Diese Aetosaurier oder Adlerkopfechsen konnten bis zu fünf Meter lang werden und erlebten ihren Entwicklungshöhepunkt in der Obertrias. Auf ihrem Speiseplan standen Schachtelhalme, Farne und Palmfarne sowie Wurzeln, die sie mit ihrer herbivoren – für Pflanzenfresser typischen Bezahnung – zerkleinerten. Eine starke Panzerung des Körpers entlang der Flanken und des Rückens mit großen viereckigen Knochenplatten und Schulterplatten, auf denen Dornen aufsitzen, schützten den Pflanzenfresser vor anderen Raubtieren. Im Stadtgebiet Stuttgarts fand man die fossilen Überreste des *Aetosaurus ferratus*, der mit kleinen, sehr spitzen Zähnen ausgestattet war, die sich perfekt zum Verschlingen von Insekten eignen mochten. Auch in der Unterkreide Nordmalawis, nahe Karonga, wurden wenige Zentimeter große Krokodilschädelchen entdeckt, die säugetierähnliche Mahlzähne tragen und bestimmt nicht zu typischen Beutegreifern gehörten. Momentan wird spekuliert, ob auch *Chimerasuchus paradoxus* aus China und ein fossiles Krokodil aus dem Mesozoikum Madagaskars herbivore Verwandte der echten Krokodile waren. Ernstzunehmender Räuber während der Dinozeit waren jedoch das Riesenkrokodil *Deinosuchus* aus der Oberkreide Nordamerikas und das jüngst in der Sahara entdeckte SuperCroc – beides Giganten, die eine Länge von bis zu 11 Metern erreichen konnten.

Abb. 17 Die Lage der Kontinente im Perm vor ca. 264 Mio. Jahren. Der Inselkontinent Sibirien schloß sich an den Rest der Landmassen auf der Erde (Pangaea) an. Auf der Südhalbkugel bestanden ausgedehnte Vereisungen vor allem im südlichen Afrika, in Südamerika, der Antarktis und Australien.

PERM (vor 299 bis 251 Millionen Jahren vor heute): Die große Besiedlung des Festlandes

68. Was geschah im Perm? Das Perm ist eines der traurigsten Erdzeitalter, denn immerhin beginnt es mit einer Vereisung der südlichen Teile Gondwanas (Permo-Karbonische Vereisung) und endet mit dem größten Massensterben der Erdgeschichte. Benannt ist das Perm nach der russischen Stadt Perm am Ural, deren Name auf das alte Königreich Permia zurückgeht. Dort fand man erstmals Gesteine dieser Epoche, die oftmals in zwei Abschnitte unterteilt wird: die Zechstein-Zeit und das Rotliegende. Letzterer Name stammt von der typisch roten Farbe der Gesteine. Hinzu kommt, daß diese Gesteine älter sind und damit unten liegen. In der Bergmannssprache bezeichnet man das Gestein daher als «Liegendes» im Unterschied zum «Hangenden», also der Schicht, die über einer anderen liegt. Der Name «Zechstein» stammt ebenfalls aus dem Bergmanns-Jargon: Er bezeichnet die jüngere Schicht des Perm, die über dem Liegenden liegt und auf der zumeist die Bergwerksgebäude – die Zechen – stehen.

Die Pflanzenwelt des Perm ähnelte zu Beginn noch der des Karbons. Die stetig steigenden Temperaturen und die zunehmende Trockenheit aber ließen Farngewächse und Koniferen bald das Land erobern und verdrängten damit Schachtelhalmgewächse wie etwa Calamiten. In den Meeren des Perm tauchten die Ammonoideen mit gezahnter Lobenlinie (Ceratiten) auf und teilten sich ihre Reviere mit den Stachelhaien, die sich von Knochenfischen ernährten. An Land beherrschten Eintagsfliegen die Lüfte. Ihre räuberischen Larven machten in den damaligen Süßgewässern bereits Jagd auf Würmer und Krebse. In den Land-Wasser-Übergangsbereichen lebten zahlreiche Amphibienarten, und an Land begünstigte die zunehmende Trockenheit die Ausbreitung der Reptilien. Besonders die säugetierähnlichen Reptilien wie beispielsweise die Kammrückenechse Dimetrodon entwickelten eine große Artenvielfalt. Neben Kleinstreptilien, wie den kleinen Mesosauriern, die als erste Reptilien wieder ein Leben im Wasser bevorzugten, gab es bereits damals schwerfällige Giganten wie die Pareiasaurier, die so groß wie Flußpferde wurden. Gegen Ende des Perm tauchte *Archosaurus* auf, der Vorgänger aller Dinosaurier und Krokodile.

Das älteste fliegende Reptil stammt ebenfalls aus dem Perm: *Coelurosauravus jaekeli*, zu deutsch Jaekels hohlschwänzige Vogelechse – ein Fossil, das bereits 1910 bekannt, aber erst 1997 wissenschaftlich eindeutig beschrieben werden konnte. Im Zechstein, der Schicht, in der die hohlschwänzige Vogelechse gefunden wurde, kam es durch Abtrennung und Verdunstung von Binnenmeeren zu enormen Salzablagerungen, die teilweise bis zu 1000 Meter Dicke aufweisen. Diese Salzlager aus dem Perm sind die bislang größten, die es jemals in der Erdgeschichte gegeben hat. Zwischen England, Weißrußland und der Schweiz trocknete das «Germanische Becken» – ein abgeschlossenes Wasserbecken ohne große Zuflüße – langsam aus; dabei bildete sich ca. alle 20 Jahre jeweils ein Meter Salz!

69. Was war das größte Massensterben der Geschichte? Die Frage nach dem größten Massensterben in der Geschichte der Erde wird oft mit dem Aussterben der Dinosaurier beantwortet. Zwischen den Erdzeitaltern des Perm und der Trias kam es allerdings zu einem viel dramatischeren Ereignis: 90 bis 95 Prozent aller marinen (im Meer lebenden) Tierarten und 50 Prozent der marinen Tierfamilien starben aus. Vor allem bei Seeigeln war der Verlust von 98 Prozent aller Arten besonders hoch. Bei den Armfüßern und Moostieren waren es rund 78 Prozent; die Kopffüßer waren nur noch mit einem Anteil von 29 Prozent ihrer Arten vertreten, und die Trilobiten, Tabulate Korallen und Seeskorpione starben ganz aus. Beinahe vom Aussterben bedroht waren auch die Tetrapoden. *Lystrosaurus*, ein pflanzenfressendes säugetierähnliches Reptil, war einer der wenigen Überlebenden. Wie tragisch dieses Massensterben in der Erdgeschichte wirklich war, zeigt ein Vergleich zu anderen Aussterbeereignissen:

Am Ende des Ordovizium vor ca. 444 Millionen Jahren waren circa 80 % aller marinen Arten betroffen. Am Ende des Devon vor ca. 359 Millionen Jahren waren es rund 70 % aller Wirbellosenarten; vor allem Riffbildner und Riffbewohner, aber auch Panzerfische wurden stark dezimiert. Vor ca. 200 Millionen Jahren am Ende der Triaszeit starben 70 bis 80 Prozent aller Arten aus, und vor 65,5 Millionen Jahren erst traf es die Dinosaurier, Flugsaurier, Ammoniten und Rudisten-Muscheln sowie 70 Prozent aller sonstigen Tierarten. Was genau der Grund für das größte Massensterben an der Grenze des Perm zur Trias war, weiß man bis heute noch nicht; vermutlich waren es tektonische Bewegungen, die anschließend den Großkontinent Pangäa bildeten. Meeresgebiete trockneten aus, und die Bildung von Eis ließ den Meeresspiegel weiter sinken, was wiederum zur Folge hatte, daß Gebiete, die sonst von Wasser bedeckt waren, eine neue Landfläche preisgaben, die durch Verwitterung mehr Sauerstoff verbrauchte und damit Lebewesen regelrecht die Luft zum Atmen nahm. Ein anderes Szenario, das den Massenexitus erklären soll, geht von den Auswirkungen zahlreicher Vulkanausbrüche und den dadurch angeregten Emissionen von Schwefeldioxid auf das Leben im Perm aus. Der Temperaturanstieg, der durch den Vulkanismus ausgelöst wurde, zog demzufolge den Stillstand der Meeresströmung nach sich. Das Tiefseewasser wurde somit sauerstoffarm, organisches Material konnte in der Tiefe nur noch anaerob – ohne Sauerstoffeinwirkung – abgebaut werden, wodurch giftiger Schwefelwasserstoff entstand. Fossile Pollenkörner mit UV-Schäden belegen, daß der Ausstoß von giftigen Gasen aus der Tiefsee bis in die Atmosphäre maßgeblich zum Sterben von Lebewesen an Land beigetragen hat. Ein Meteoriteneinschlag, der oft für das Massensterben in der Kreide «verantwortlich» gemacht wird, scheint bei keinem der beiden geschilderten Szenarien notwendig.

70. Wie wurden Reptilien zu Säugetieren? Die Urahnen aller Säugetiere lebten bereits am Ende der Karbonzeit vor etwa 290 Millionen Jahren. Damals begannen verschiedene Wirbeltiergruppen aufgrund zunehmender und stärkerer Anforderungen an die Kaumuskulatur im Schädel sogenannte Schläfenfenster auszubilden. Hierbei wird das äußere Schädeldach stellenweise geöffnet, so daß die darunterliegende Kaumuskulatur größere Ansatzflächen erhält und sich stärker ausdehnen kann. Nach Art und Lage dieser Schädelöffnungen werden die Großgruppen der Reptilien eingeteilt. Während zum Beispiel Krokodile, Echsen und Dinosaurier zwei Öffnungen besitzen und damit «diapsid» sind, weisen alle Säugetiere nur ein Schläfenfenster auf und sind damit «synapsid». Beim Menschen entspricht dieses Fenster dem Bereich oberhalb des Jochbogens, einer schmalen Restspange des seitlichen äußeren Schädeldaches.

Die vielfältigste Gruppe innerhalb der Synapsida, der Tiere mit nur einem Schläfenfenster und zugleich die Stammgruppe der Säugetiere und des Menschen, waren die sogenannten Pelycosaurier, die Vorfahren der säugerähnlichen Reptilien, die im Perm die dominierende Landwirbeltiergruppe darstellten. Ihr Rumpf und Schwanz waren sehr lang und die Beine standen wie bei Reptilien üblich seitlich; die Pelycosaurier ernährten sich vor allem als Beutegreifer. Der wohl bekannteste Vertreter unter ihnen ist *Dimetrodon*, der im frühen Perm auftaucht und manchmal fälschlicherweise als Dinosaurier aufgeführt wird und zu einer besonders bizarren Gruppe unter den Pelycosauriern gehört: den Segelrückenechsen. Sein Name bedeutet «Zweimaßzahn» und gibt damit schon einen Hinweis auf die Verwandtschaft mit Säugern, denn Reptiliengebisse wiesen damals immer einheitliche Zähne auf. Je nach Aufgaben und Nahrungsvorlieben weisen Säuger bis heute unterschiedliche Zahnformen auf. *Dimetrodon* hatte demnach zwei unterschiedliche Zahntypen im Maul. Fossilien zeigen, daß das Tier im Vorderkiefer kräftige Fangzähne und im hinte-

Abb. 18 Eines der berühmtesten säugerähnlichen Reptilien (Therapsiden) aus den Karroo-Schichten Südafrikas ist *Lystrosaurus*. Diese schweineähnlichen Tiere hatten ein knöchernes, schnabelförmiges Maul. Da die Nasenöffnungen an der Oberseite des Kopfes liegen, wurde gemutmaßt, daß sie amphibisch gelebt haben.

ren Bereich kleine, spitze Zähne besaß. Entlang des Rückens dieser Tiere erstreckte sich, wie ein Segel, eine Haut, die von langen Wirbelfortsätzen gestützt wurde. Dieses Segel diente wahrscheinlich der Temperaturregulation. Wenn es noch kühl war, konnte das Segel wie ein Sonnenkollektor das Morgensonnenlicht auffangen und den Körper aufwärmen.

Im Oberperm herrschte dann eine immense Vielfalt der säugerähnlichen Reptilien (Therapsiden). Viele ihrer fossilen Überreste wurden im Karroo-Becken in Südafrika gefunden. 1840 machte ein schottischer Ingenieur namens Andrew Bain die zufällige Entdeckung der ersten Dicynodonten (Zwei-Hunds-Zähner), die bis auf zwei Hauer zahnlos und allesamt Pflanzenfresser waren. In der halbwüstenähnlichen Umgebung erhielten sich unzählige Ablagerungen aus ehemaligen Flüssen und Seen, die zusammen mit üppigen Wäldern, Farnen, Schachtelhalmen und Ginkos die typische Permlandschaft bildeten. Neben den Dicynodonten gab es Dinocephalia (Schreckensköpfe), fleischfressende Gorgonopsiden und Therocephalia («Säuger-Köpfe»), die zum Teil bis zu 5 Metern Körperlänge erreichten.

Während die Gorgonopsiden und die Dinocephalia den Perm-Trias-Übergang nicht überlebten, begann der unaufhaltsame Aufstieg der seit der Trias existierenden warmblütigen Therapsiden-Gruppe der Cynodontia (Hundszähner). Cynodontia erreichten im Durchschnitt eine Größe wie Wölfe, existierten sowohl als fleisch- als auch pflanzenfressende Arten und sind im engeren Sinne die Vorfahren aller späteren Säugetiere. Ihre Aktivitäten waren durch diese physiologische Eigenschaft erstmals unabhängig von der jeweiligen Tageszeit, da sie - anders als wechselwarme Reptilien - nachts bei Abkühlung nicht in ihrer Beweglichkeit eingeschränkt sind. Nachteilig wirkte sich die Warmblütigkeit jedoch auf den Energieverbrauch aus, der durch die Notwendigkeit, eine gleichbleibend hohe «Betriebstemperatur» zu erhalten, erhöht wurde.

Nicht nur physiologisch machten sich evolutionäre Änderungen in dieser Tiergruppe bemerkbar. Anatomisch war es vor allem die Ausbildung eines Gebisses mit unterschiedlichen Zahntypen für unterschiedliche Aufgaben: So gab es meißelähnliche Schneidezähne zum verbesserten Abbeißen, spitze Eckzähne zum Packen und Durchbohren von Beute, flache und scharfe Backenzähne zum Zerkleinern von Nahrung. Die Zähne wurden unterstützt durch eine kräftige Kaumuskulatur, die erstmals auf die Bildung eines Jochbogens schließen läßt; auch entwickelte sich eine Nasenöffnung, die durch einen Gaumen von der Mundhöhle getrennt war. Dank dieser Kombination war es den Tieren möglich, gleichzeitig zu kauen und zu atmen. Erstmals im Bauplan von Tieren fällt bei den Cynodontia die Körperhaltung auf: Ihre Beine waren nicht mehr seitlich abgespreizt am Körper angebracht («Spreizgang»), sondern saßen direkt unter dem Rumpf («Stemmgang»). Dies ermöglichte ihnen eine flinke Fortbewegung. Schnurrhaare um das Maul ließen die Tiere zwar schon wie Säuger aussehen, doch ob eines der entscheidenden Säugermerkmale, die Milchdrüsen, bereits entwickelt waren, läßt sich nicht ergründen, da Drüsen nicht fossilisieren.

Abb. 19 Die Lage der Kontinente im Karbon vor ca. 339 Mio. Jahren. Der Superkontinent Pangaea entstand nach der Kollision des Nordkontinents Laurentia und des Südkontinents Gondwana. Im Osten Europas und Nordamerikas bildete sich ein neuer Ozean, die Thethys.

KARBON (vor 359 bis 299 Millionen Jahren vor heute): Die ersten großen Wälder

71. Was geschah im Karbon? Das Zeitalter des Karbon war geprägt von tektonischer Aktivität und klimatischen Gegensätzen auf der Erde: Querschnitte von fossilen Bäumen aus Europa und Nordamerika zeigen keine Jahresringe – ein typisches Zeichen eines kontinuierlichen feucht-warmen Klimas. Der Superkontinent Gondwana im Süden wies dagegen ein kühles, trockenes Klima mit Jahreszeiten auf. Betrachtet man die Erde, so kann man grob von einem tropischen Klima auf der Nordhalbkugel bis zum Äquator und von einem trocken-kühlen Klima mit zum Teil vereisten Kontinenten auf der Südhalbkugel ausgehen.

Wichtige Neuerscheinungen in der Evolution sind zu dieser Zeit die Gymnospermen (Nacktsamerpflanzen) und Reptilien (*Seymouria*), während die Panzerfische – Placodermi – ausstarben. Die hohe tektonische Aktivität im Karbon führte weltweit zur Entstehung von großen Gebirgszügen wie den Appalachen, einem Teil der Anden, den Ur-Rocky Mountains und Teilen der europäischen Mittelgebirge. Ein weltweites Absinken des Meeresspiegels vor ungefähr 325 Millionen Jahren führte zum Aussterben der Organismen in den Schelfmeeren – Flachwassermeere an den Kontinentalrändern. Bedingt durch das weltweite Riffbildnersterben im Oberdevon kamen nun andere Riffbildner wie rugose (becherbildende) Korallen zum Zuge: Von Algen, Schwämmen oder Bryozoen (Moostierchen) dominierte Lebensgemeinschaften bildeten eher flache Riffhügel. Um die Riffe herum zeigte sich zur Zeit des Karbon am Meeresboden noch wenig Leben: Von spärlicher Besiedlung zeugen wenige fossile Schwammreste, Goniatiten, Seelilienstielglieder (Crinoiden) und Fischreste. An Land war das Leben vielfältiger entwickelt. Die ersten Wälder mit Bäumen und Riesenbaumfarnen, Schachtelhalmen und Bärlappgewächsen begannen sich auszudehnen. Im Oberkarbon erscheinen erstmals Koniferen in der Natur – die ersten echten Gymnospermen. In der Tierwelt tat sich ebenfalls viel Neues: Mit einer Spannweite von imposanten 70 Zentimetern gilt die damals lebende Libelle *Meganeura* bis heute als eine der größten Vertreterinnen ihrer Art. Diesen Rang machten ihr unter anderem die Eintags- und die Steinfliegen streitig. Auch Hundertfüßler nahmen gigantische Ausmaße an. Als Gründe für diesen Riesenwuchs bei Gliederfüßern können zum einen der erhöhte Sauerstoffanteil in der Luft oder aber die fehlende Bedrohung durch Räuber gelten.

Neben Gliederfüßern waren es jedoch auch Amphibien, die ab der Zeit des Unterkarbon mit einer Länge von 5 Metern ihren Lebensraum zu beherrschen wußten. Tümpel und Seen beherbergten allenthalben Süßwasserhaie, Knochenfische und Lurche. An den Flußufern waren die Urschnecken *Bellerophon* und *Euomphalus* zuhause; erste Süßwasserschnecken (*Dendropupa*) sind ebenfalls im Karbon nachweisbar.

72. Wie entstand Kohle? Kohle ist ein Fossil, das heute nicht nur Energie liefert, sondern auch wichtige Einblicke in die Urzeit der Wälder bietet. Oftmals finden sich in dem schwarzen Brennstoff wunderschöne Pflanzenabdrücke, wie Reste des Schuppenbaums (*Lepidodendron*) und des Siegelbaums (*Sigillaria*), beides Bärlappgewächse; ferner Fossilien von riesigen Schachtelhalmen (*Calamites*), die Stammdurchmesser von bis zu einem Meter erreichten und von Farnen, die fast so groß wie Bäume wurden. In den Wäldern des Karbon, mit Baumriesen von bis zu 30 Meter Höhe, wimmelte es von frühen Insekten und

Amphibien: Schaben, Libellen, Spinnen und Tausendfüßler fanden komfortable Lebensbedingungen in den Sumpflandschaften der üppigen Wälder.

Der Lebensraum dieser Waldbewohner war zugleich der Entstehungsort des Fossilguts Kohle: Umgekippte Bäume, umgeben von Süß- und Salzwassersümpfen, lagen kreuz und quer am Boden, Stämme und Äste der toten hölzernen Riesen wurden langsam von sauerstoffarmem Wasser und herabfallendem Laub bedeckt und «umgingen» so den normalen aeroben – unter Zufuhr von Sauerstoff verlaufenden – Zersetzungsprozeß: Torf entstand. Der kohlenstoffhaltige Torf wurde nun abermals mit Material abgedeckt. Die Last über dem Torf nahm zu und das im Torf noch enthaltene Restwasser wurde herausgepreßt. Durch den enormen Druck und steigende Temperaturen im Boden kam es zu chemischen Reaktionen, die den Kohlenstoffgehalt im Torf auf einen Anteil von 70 Prozent erhöhten – Braunkohle entstand, die im Gegensatz zur Steinkohle weicher und braun ist. Schlummerte die Braunkohle weiter unter der Erde, so kam es im Laufe der Zeit zu erneuten Temperatur- und Druckanstiegen, in deren Verlauf die Kohle weiter zusammengepreßt wurde. Diesen zweiten «Backvorgang» der Kohle nennt man Inkohlung. Veranschaulichen läßt sich die Komprimierung der Braunkohle mit beeindruckenden Zahlen: Aus etwa 50 Meter dickem Torf mit einem Anteil von 50 Prozent Kohlenstoff entsteht eine etwa 10 Meter dicke Schicht an Braunkohle. Wird diese Schicht erneut Drücken ausgesetzt, so entsteht eine etwa 5 Meter dicke Steinkohlenschicht, die einen erhöhten Anteil Kohlenstoff von etwa 80 Prozent aufweist. Weitere Temperatur und Druckeinwirkungen lassen Anthrazit und später den chemisch reinsten Kohlenstoff, Graphit, entstehen.

Kohle entstand jedoch nicht nur im Karbon. Wie rasch es zum Backereignis einer Inkohlung kommt, hängt ganz davon ab, wie schnell und wie oft erhöhte Temperaturen und Drücke auftreten. In Japan beispielsweise gibt es Steinkohle aus dem Tertiär; damals wurde Gestein während einer Gebirgsbildung zusammengepreßt und erwärmt. Das bedeutet, daß heutige Torfschichten, wenn sie nicht abgebaut würden, in der Zukunft zu Kohlelagerstätten werden könnten. Die förderfähigen Reserven von Kohle weltweit wurden 2004 auf etwa 783 Milliarden Tonnen geschätzt. Davon entfallen 27 Prozent auf die USA, 16 Prozent auf Rußland, 12 Prozent auf China, 12 Prozent auf Indien, jeweils 7 Prozent auf die Europäische Union und auf

Australien. Bei gleichbleibendem Verbrauch des fossilen Gutes aus der Urzeit durch die Menschen, die weltweit derzeit jährlich ca. 4 Milliarden Tonnen Kohle verheizen, wäre der Bedarf noch für etwa 200 Jahre gedeckt.

73. Seit wann können Tiere fliegen? Insekten sind die Pioniere des Landlebens. Zu den ältesten Insekten zählt ein Springschwanzfossil aus dem Devon mit einem Alter von 395 Millionen Jahren, das bislang den Ältestenrat der Insekten anführt. Diese konnten zwar noch nicht fliegen, aber immerhin den Boden extensiv besiedeln. Die heutigen fliegenden Insekten, die Gruppe der sogenannten Pterygota, stammen alle von einem Urinsekt ab – zumindest vermutet man, daß der Insektenflug, ähnlich dem Vogelflug, nur einmal «erfunden» wurde.

Trotz des harten Chitinpanzers gibt es nur wenige gut erhaltene Insektenfossilien, die es erlauben, die Entstehung des Fluges besser nachvollziehbar zu machen. Fest steht, daß alle Fluginsekten ursprünglich zwei Flügelpaare besaßen. Bei vielen heutigen (rezenten) Insekten ist aber ein Flügelpaar entweder reduziert oder aber zu etwas anderem – wie etwa einer Flügelschutzdecke wie bei Käfern – umgewandelt worden. Die ersten Flügelfunde an einem Insekt stammen aus dem mittleren Karbon und sind ungefähr 300 Millionen Jahre alt. Sie stammen von Libellenfossilien, die den heute herumschwirrenden Libellen bereits sehr ähnlich sahen.

Weitere Pioniere des urzeitlichen Luftraums waren segelnde Wirbeltiere aus dem Perm. Diese kleinen Reptilien wußten 90 Millionen Jahre vor den «richtig» fliegenden Reptilien, den Flugsauriern, wie man in der Luft vorwärts kam. Doch zurück zu den Libellen: Daß diese in ihrer Bauweise sehr archaisch anmuten, ist bedingt durch die zwei ebenmäßigen Flügelpaare, die eine Libelle seitlich herabhängend trägt und nicht längs der Körperachse zusammenklappen kann. Mit einer Flügelspannweite von bis zu 70 Zentimetern ist es die Riesenlibelle *Meganeura monyi*, die bislang die Liste der größten bekannten fliegenden Insekten der Erdgeschichte anführt. Diese gigantischen Ausmaße konnten Insekten damals wohl nur aufgrund der höheren Sauerstoffkonzentration in der Luft erreichen. Vielleicht war der hohe Anteil von Luftsauerstoff im Karbon sogar daran «schuld», daß das Fliegen erfunden werden konnte. Fliegen ist eine sehr energieaufwendige Fortbewegungsweise, die viel Sauerstoff in der Flugmuskulatur verbraucht. Anders als bei Menschen wird der Luftsauerstoff nicht über eine «Libellenlunge» in das Blut übertragen und so zu den Zellen transportiert, sondern durch die Tracheen, die Atemröhren von Insekten: Diese verzweigen sich immer weiter, bis die Zellen direkt mit Luft versorgt werden. Der heute geringere Sauerstoffanteil läßt Insekten bestenfalls auf eine Länge von ca. 30 Zentimetern – etwa die Größe einer Riesen-Stabheuschrecke – wachsen.

Mit der Flugfähigkeit geht die Aufspaltung der Insekten in verschiedene Gruppen einher. Gab es während des Devons nur zwei Insektengruppen, so waren es im Karbon zehn und im Perm sogar 20. Heute unterscheidet man insgesamt etwa 35 Insektengroßgruppen. Mit 1 Million beschriebener Arten gelten Insekten als erfolgreichste Tiergruppe, die seit der Urzeit jemals existiert hat. Zum Vergleich: Wirbeltiere mit 50 000 rezenten Arten und Säugetiere mit 4629 Arten sind Insekten in ihrer Vielfalt weitaus unterlegen. Anatomisch erfolgreichstes Spitzenmodell unter den Insekten ist der Käfer mit seinem kompakten Körperbau, seinen Schutzdecken für die Flügel und seinen beißend-kauenden Mundwerkzeugen.

74. Wann entstanden die Reptilien? Der Ursprung der Reptilien wird verständlich, wenn man ihn in einem größeren biologischen Zusammenhang betrachtet: Eine entscheidende Neuerung der Evolution vor etwa 300 Millionen Jahren waren Eier mit einer dünnen Hülle, dem Amnion, das den Embryo vor dem Austrocknen schützte. Die Tiere, die solche Eier legten – nach der Amnionhülle Amnioten genannt –, waren unabhängig vom Wasser; die Eiablage konnte im Trockenen und damit geschützt erfolgen und längere Landgänge waren möglich. Das Nahrungsangebot auf dem Land war mit seinen Rieseninsekten so verlockend, daß sich rasch eine Vielfalt von Kriechtieren, Amphibien wie Reptilien, entwickelte. Schildkröten, Krokodile, Echsen und Schlangen entstanden vermutlich aus den Uramphibien zu Beginn des Karbons. Die Sauromorpha («Echsengestalten») des Unterkarbon sahen den späteren Reptilien schon ähnlich: Ihre kräftig gebauten Knochen weisen darauf hin, daß diese Tiere damals konkurrenzlos im Hinterland der Sümpfe auf Insektenjagd gingen.

Im Skelettbau weisen Amphibien und Reptilien, die gemeinhin als Kriechtiere zusammengefaßt werden, wichtige Unterschiede auf; zum Beispiel am Schädel im Bereich der knöchernen Ohrkapsel: Am-

Abb. 20 Achtung: Urlibelle im Anflug – Riesenlibellen in den Karbonwäldern wie *Namurotypus* hatten eine Flügelspannweite von über 60 cm. Sie waren die ersten fliegenden Lebewesen. Heute wie damals jagen Libellen hauptsächlich kleinere Insekten.

phibien besitzen eine «Ohrkerbe», in der das Trommelfell liegt. Bei Urreptilien sitzt das Trommelfell hinten am Schädel nahe dem Kiefergelenk, das später bei der Säugerentwicklung und der Entstehung des Säugermittelohrs eine wichtige Rolle spielt, wie wir bereits erfahren haben. Da die Urreptilien zunächst wohl allesamt recht klein geraten waren, könnte es durchaus sein, daß ihr Kopf keinen Platz ließ für eine breite Ohrkerbe und deshalb das Trommelfell nach hinten wandern mußte.

Der bislang erdgeschichtlich älteste gesicherte Reptilienfund ist Lyells «Waldmaus», oder – mit wissenschaftlichem Namen – *Hylonomus lyelli*. Der mutmaßliche Insektenfresser stammt aus den Karbonschichten Kanadas und wird auf ein Alter von ca. 300 Millionen Jahren datiert. Da man es in einem versteinerten, hohlen Baumstumpf fand, geht man davon aus, daß das Reptil auf der Jagd nach Insekten war. Die 1988 in Schottland entdeckte «Lizzie», *Westlothiana lizziae*, galt mit ihren 350 Millionen Jahren bislang zwar als ältestes Reptilienfossil, doch jüngste Untersuchungen zeigen, daß «Lizzie» der Reptilienstatus aberkannt werden muss – wahrscheinlich war «Lizzie» «nur» ein Amphib.

Kurze Zeit nach der Entstehung der ersten Reptilien setzte eine rasante Entwicklung ein: Die Stammgruppe spaltete sich auf in die Synapsida, säugetierähnliche Reptilien, die Diapsida, zu denen Krokodile, Echsen, Schlangen, Dinosaurier, Flugsaurier gezählt werden, und die Anapsida mit den Schildkröten und ihren Verwandten.

Abb. 21 Die Lage der Kontinente im Devon vor ca. 399 Mio. Jahren. Die beiden Superkontinente, Laurentia im Norden und Gondwana im Süden drifteten aufeinander zu. Flache Meere bedeckten weite Gebiete Nordamerikas.

DEVON (vor 416 bis 359 Millionen Jahren vor heute): Das Zeitalter der Fische

75. Was geschah im Devon? Benannt ist dieser Zeitabschnitt nach der englischen Grafschaft Devonshire, einer Region, in der Kalkalgen riesige Riffe gebildet hatten. Das Devon gilt gemeinhin als das Zeitalter der Fische, doch das eigentliche Highlight dieses Erdzeitalters waren die Gefäßpflanzen, die von der Küste erstmals ins Festland vorstießen. Dazu gehörte *Rhynia*, benannt nach deren Fundort Rhynie bei Aberdeen; sie war eine der Pionierpflanzen zu Lande – zwar noch unbewurzelt, aber immerhin mit sehr widerstandsfähigen Sporenkapseln. Die vermehrte Photosynthese der neuen Landbewohner trug in dieser Zeit zur Senkung der hohen CO_2-Konzentration in der Atmosphäre bei. Bereits im Mittleren Devon geht man von einer ersten Bewaldung mit recht hohen Pflanzen und von einer Aufspaltung in Schachtelhalme und Farne aus. Bewohnt waren die Pflanzen von Milben mit Saugrüssel, aber auch von flügellosen Insekten; erst im Oberdevon tauchten mit der Art *Eopteron* die ersten Insekten mit Flügeln auf.

Das Süßwasser wimmelte vor frühesten Vertretern der Schnecken, und in den sauerstoffarmen Tümpeln bereiteten sich Fische, erstmals ausgestattet mit einer Lunge, auf den Landgang vor. Während die Fische langsam in marinen Lebensräumen dominierten, waren die Trilobiten im Devon bereits auf dem absteigenden Ast der Evolution. In den Meeren tauchten erste Vertreter der Ammonoideen auf, und als wichtigste Leitfossiliengruppe waren die Conodonten erstmals vertreten. Conodonten-Tiere gehören zu den Chordaten, die von einigen Forschern als älteste Wirbeltiere angesehen werden, auch wenn sie keine knöcherne Wirbelsäule besaßen, aber immerhin jedoch ein ganz typisches Merkmal von Wirbeltieren aufwiesen, nämlich Millimeter kleine Zähne aus Calciumphosphat. Da man von diesen Tieren immer nur den Zahnapparat fand, hat man diesen zwar seit den 60er Jahren als hervorragendes Leitfossil eingesetzt, doch das komplette Tierchen konnte man indes erst 1981, mit dem Auffinden von fossilen Weichteilabdrücken, rekonstruieren. Dabei stellte man fest, daß es eine *Chorda dorsalis*, Muskelsegmente, große Augen sowie eine asymmetrische vertikale Schwanzflosse aufwies und ausgestreckt sogar eine Länge von bis zu 40 Zentimetern erreichte.

Kurz vor Ende des Devons, vor ca. 377 Millionen Jahren, setzte ein großes Artensterben ein: Im Meer betraf es 70 Prozent aller Arten. Am stärksten litten darunter die Riffe, denn ihre Erbauer, Korallen und Stromatoporen fielen aus und mit ihnen auch die Riffe als Lebensräume für Fische und andere Lebewesen. Panzerfische, die ihre Nische als freischwimmende Räuber gefunden hatten und damit nicht auf die Riffe direkt angewiesen waren, wurden seit dem Unterkarbon von Haien mehr und mehr verdrängt. Das Landleben war kaum vom Massensterben der Meerestiere betroffen, denn durch die Entstehung weiterer Landpflanzen kam es zur Bodenbildung durch Wurzeln. Der neue Boden setzte Mineralstoffe frei, die wiederum als Dünger ins Meer gespült wurden und die Algenphotosynthese anregte, die wiederum ihrerseits mehr Biomasse hervorbrachte. Absterbende Biomasse reduziert den Sauerstoffgehalt im Meer, was zum Sterben von Meeresorganismen führte – mit dramatischen Folgen für die Nahrungskette. So lautet zumindest eine Theorie, die das Massensterben in devonischen Meeren erklären würde. Eine andere These, die allerdings das eben geschilderte Szenario nicht ausschließt, erklärt das große Meeressterben durch die vermehrte Verwitterung des an Land entstandenen Bodens. Pflanzen erzeugten mehr Sauerstoff und die Verwitterung entzog der Atmosphäre Kohlendioxid; dies reduzierte den Treibhauseffekt und führte zur Abkühlung und der Entstehung von Inlandeis. Die Eisbildung wiederum ließ die Meeresspiegel sinken und die Riffgemeinschaften trockenlegen.

76. Wie leben Amphibien? Amphib bedeutet «zwei Lebensweisen»; dies bezieht sich auf das Phänomen, daß ein Amphibium sein Leben als Wasserbewohner mit Kiemenatmung beginnt und sich im Laufe seiner Individualentwicklung in einen – mehr oder weniger konsequenten – Landbewohner mit Lungen wandelt. Heute sind 4800 bis 5000 lebende Amphibien-Arten bekannt; keine davon lebt allerdings im Meer. Die meisten erwachsenen Amphibien sind Beutegreifer und ernähren sich hauptsächlich von wirbellosen Tieren; nur einige von ihnen behalten die vegetarische Ernährung aus dem Kaulquappenstadium ihr Leben lang bei. Trotz ihrer Gliedmaßen und der Lunge sind Amphibien auf Wasser oder zumindest auf Feuchtigkeit angewiesen, da ihre Haut, mit der sie atmen, leicht austrocknet. Über ihre atmungsaktive Haut werden viele Stoffwechselendprodukte direkt an das sie umgebende Wasser abgeführt; Reptilien, Säuger oder Vögel müssen diese Stoffe übrigens über Urin oder Harnsäure ausscheiden.

Spätestens bei der Fortpflanzung sind Amphibien ausschließlich auf Wasser angewiesen, da die Eier ebenso wie auch Fischeier keine schützende Hülle besitzen und die Larven oder Kaulquappen über Kiemen atmen, die an Land verkleben, so daß ihre Träger sterben würden. Einzig die lungenlosen Salamander sind fähig, ihre Eier auch an Land zu legen, allerdings suchen auch sie dafür Steine aus, die nahe an Bächen liegen. Im Regenwald nutzen Frösche sogar Blütenkelche zum Ablaichen; jedes Ei sitzt dann auf einer eigenen Blüte. Der Vorteil dabei ist, daß hungrige Fische leer ausgehen – die Brut ist geschützt. Besonders kreativ in der Brutpflege sind auch die magenbrütenden Frösche (*Rheobatrachus*): Die Mutter verschluckt die befruchteten Eier. Der Magen produziert aber keine Magensäure mehr, sondern ein schützendes Sekret. Der einzige Nachteil für den werdenden Mutterfrosch ist, daß er bzw. sie während der Entwicklung der Kaulquappen nichts fressen kann. Sind die Kleinen fertig, werden sie von der Mutter hochgewürgt und buchstäblich ins Leben gespuckt.

Amphibien, wie der japanische oder chinesische Riesensalamander, können heute Längen von bis zu 1,5 Meter und ein Gewicht von bis zu 40 Kilogramm erreichen. Bei den Fröschen markiert der Goliathfrosch mit allerdings vergleichsweise unspektakulären 30 Zentimetern Länge bei einem Körpergewicht von etwa 3 kg die obere Grenze.

In der Urzeit hatten einige der Amphibien eine ähnliche Lebensweise wie heutige Krokodile und ihre Verwandten: Sie lauerten im flachen Wasser auf Beute, die sie durch rasches Zuschnappen überwältigten. *Paracyclotosaurus*, der aus dem Karbon bekannt ist, weist mit 3 Metern Länge und einer flachen Gestalt die größte Ähnlichkeit mit Krokodilen auf. Die meisten dieser Großamphibien überlebten allerdings die Perm/Trias-Krise nicht. Trotzdem gab es im Erdmittelalter einige der größten Amphibien überhaupt: Der sechs Meter lange *Mastodonsaurus giganteus* hatte einen Schädel, der allein schon 1,4 Meter maß. Aus Australien kennt man aus der frühen Kreide das Amphib *Koolasuchus*. Es wurde bis zu 4 Meter lang und nahm in den damals polnah gelegenen Flußsystemen die Rolle der Krokodile ein, die bei dem kühlen Klima im Ökosystem fehlten. Auch die heutigen Riesensalamander können in kalten Strömen überwintern, und manche Frösche können sich sogar zeitweilig kontrolliert einfrieren lassen, ohne zu verenden.

77. Warum hat unsere Hand fünf Finger? Gegenfrage: Wie viele Beine wären ideal für ein Landtier? 2, 4, 6, 8, 10 oder gar 100? Die Antwort ist einfach, es kommt nicht auf die Anzahl an, sondern darauf, woraus sich diese Beine entwickelten. Bei den Tetrapoden (Vierfüßer) eigneten sich ausschließlich die paarigen Brust- und Bauchflossen als evolutionäre Grundlage für Gliedmaßen. Der Übergang von den Fischen zu den Landwirbeltieren war komplexer Natur, denn neben Fortbewegungsapparaten wie den Beinen benötigten die Pioniere des Landlebens genügend Kraft, um ihren Körper überhaupt selbständig tragen zu können, ferner einen eigenen Wasserhaushalt, Organe für die Sinneswahrnehmung und eine Lunge. Die ältesten Tetrapoden waren von plumper Gestalt und etwa einen Meter lang. Sie besaßen noch die Seitelinienorgane der Fische, verbrachten folglich noch viel Zeit im Wasser. Überreste von ihnen wurden, wie der circa 365 Millionen Jahre alte *Ichthyostega*, in Ostgrönland gefunden. Seine sieben Zehen boten gegenüber Flossen den Vorteil, daß das Tier sich damit beim Landgang im Untergrund festkrallen konnte. Die Vorstellung, der Landgang der Wirbeltiere sei ursprünglich auf Flossen erfolgt, läßt sich durch neue Funde von Exemplaren mit kräftiger Wirbelsäule und Schulter- und Beckengürtel dahingehend präzisieren, daß Wirbeltiergliedmaßen im Flachwasser einst entstanden, von wo aus es nur noch ein kleiner Schritt ans Land war.

Abb. 22 Die ältesten bekannten Tetrapoden sind *Acanthostega* und *Ichthyostega* aus dem oberen Devon Grönlands. Sie und ihre Verwandten, die ersten vierbeinigen Wirbeltiere, lebten in Flüssen und Seen und benutzten ihre muskulösen Flossen, Vorder- und Hinterbeine zum Graben und zur Fortbewegung. Sie waren Beutegreifer, jagten Fische und wurden über 1 m lang.

Auch wenn *Ichthyostega* noch die Anzahl von sieben Zehen aufweist, geht damals schon der Trend zu fünf Fingern und Zehen an einer Hand beziehungsweise später an einem Fuß - einem Merkmal, das sich evolutionär bei allen heutigen Tetrapoden durchsetzte. Wie bei jeder Regel gab es aber auch Abweichungen: So hatten einige der Urahnen der Tetrapoden wie *Acanthostega* aus dem Oberdevon sogar acht Finger pro Hand.

78. Wer waren die Quastenflosser? Quastenflosser gehören zu den Fleischflossern, die, wie der Name sagt, kräftige, mit Muskeln bepackte Flossen besitzen; zu dieser Gruppe zählen auch die Lungenfische. Entstanden sind Quastenflosser und Co. im Obersilur vor etwa 415 Millionen Jahren und sie starben am Ende der Kreidezeit aus. Das war zumindest der Wissensstand bis 1938. In jenem Jahr aber machte die Museumskustodin Marjorie Courtenay-Latimer eine sensationelle Entdeckung im Fang eines Fischers: ein lebendes Fossil von der Küste Südafrikas vor East London. Eine Zeichnung des rätselhaften und unbekannten Fisches schickte sie an einen Fischexperten, der jedoch nicht gleich reagierte. Nach mehreren Tagen fing der Fund, wie jeder andere Fisch auch, an zu stinken, und Marjorie Courtenay-Latimer entfernte die Innereien - ein Fehler, wie sich nach Erhalt der Antwort des Spezialisten herausstellte, der die Organe zur sicheren Identifikation benötigte. Latimer versuchte erfolglos, die Organe wieder aufzutreiben und ein Kopfgeld wird auf einen weiteren Quastenflosser ausgesetzt. Doch soll es noch weitere 14 Jahre dauern, bis aus der Vermutung eine Tatsache wird. 1952 wird ein zweites Exemplar eines Quastenflossers gefangen und untersucht - das Ergebnis ist eindeutig: ein lebendes Fossil!

Lebende Fossilien wie der nach seiner Finderin benannte Quastenflosser *Latimeria* kommen in Restarealen der ihnen seit Jahrmillionen angestammten Lebensräumen vor. Verständlich ist daher, daß ihre Gestalt seit ihrer Entstehung fast unverändert blieb. *Latimeria chalumnae* lebt heute in ca. 200 Metern Meerestiefe und besitzt keine Lunge. Nicht die Wirbelsäule, sondern eine kräftige Chorda dorsalis - das ursprüngliche innere Achsenskelett - stützt den Körper der Urzeitrelikte, die von vielen Asiaten wegen ihrer angeblich lebensverlängernden Chorda-Flüssigkeit gejagt werden.

Neben Quastenflossern sind es vor allem die Lungenfische, die als lebende Fossilien die Wissenschaft faszinieren. Wie der Name vermuten läßt, besitzen Lungenfische eine Lunge. Die Existenz dieses Organs ermöglicht es den Tieren, sich während der Trockenzeiten einzugraben und so zwischen 7 Monaten und maximal 4 Jahren auf dem Trockenen zu überleben. Grabgänge von Lungenfischen sind aus devonischen Schichten bekannt. Heute leben noch 6 Lungenfischarten, deren Familien seit der Kreidezeit und dem Tertiär die Meere bevölkern. Neben ihrer Lunge, mit der sie bis zu 90 Prozent des Luftsauerstoffs aufnehmen, besitzen Lungenfische natürlich auch Kiemen. Inwieweit Lungenfische als die Vorfahren der landlebenden Wirbeltiere gelten können, ist bislang durch molekularbiologische Untersuchungen nicht eindeutig zu klären gewesen.

Nach der Fundpräparation des Quastenflosserfossils *Eusthenopteron* stellte man erstaunliche Übereinstimmungen der Grundelemente von Fisch- und Tetrapodengliedmaßen fest: Knochen in den Flossen entsprechen demnach den Knochen des Oberarms sowie der Speiche und Elle bzw. Oberschenkel, Schien- und Wadenbein. Die eigentliche wissenschaftliche Sensation der letzten Jahre ist jedoch die Entdeckung eines «neuen» fossilen Quastenflossers aus der Familie der Elpistostegalia, nämlich *Tiktaalik rosae*, der aus dem Norden Kanadas stammt; er wurde zur «Breaking News» im April 2006. Das Wort «Tiktaalik» stammt aus dem Inuktitut – der Eskimosprache – und bezeichnet normalerweise einen Süßwasserfisch, den man heute auch in der Nähe des Ufers beobachten kann. Das Besondere an *Tiktaalik* ist, daß er mit der Form seiner gliedmaßenähnlichen Flossen genau zwischen den fossilen Quastenflossern wie *Eusthenopteron* und *Panderichthys* (beide vor ca. 385 Millionen Jahren im Mitteldevon), die man als Tetrapodenvorfahren ansehen möchte, und den ältesten Tetrapoden *Ichthyostega* und *Tulerpeton* (beide vor ca. 376 Millionen Jahren im Oberdevon) einzuordnen ist. Die Rippen von *Tiktaalik* sind kräftiger als bei seinen Vorläufern; auch weist er Ellenbogengelenke auf – beides Indizien, die auf seine Fähigkeiten zum Landgang schließen lassen. Der Fund dieses Fossils revolutionierte die bisherige wissenschaftliche Sicht auf den Landgang der Fische: Dachte man früher, daß nur Lungenfische mit kräftigen Gliedmaßen an Land überleben konnten, so ist man heute davon überzeugt, daß im flachen Uferwasser Fische existierten, die nicht mehr schwammen, sondern auf dem Seegrund liefen. Eine Lunge konnte sich in sauerstoffarmen Gewässern aus den Vorderdarmabschnitten entwickeln, denn auch heutige Fische schnappen im warmen, sauerstoffarmen Wasser nach Luft und schlucken diese in ihren Darm, wo über die große, gut durchblutete Oberfläche Sauerstoff auch ins Blut aufgenommen wird. Mit diesen beiden Fähigkeiten – Laufen und Luftatmen – war es nur eine Frage der Zeit zur Entwicklung des ersten richtigen Landgängers, zumal an Land saftige Rieseninsekten als Beute lockten und man dort auch vor Raubfischen in Sicherheit war.

79. Gibt es heute noch Fische aus dem Devon? Die Antwortet lautet ja! Das Devon gilt ja gemeinhin als das Zeitalter der Fische. Einige Vertreter der ersten großen Fischgruppen haben bis heute überlebt; der eben erwähnte, berühmte Quastenflosser *Latimeria* ist einer davon. Aber auch Neunaugen und Schleimaale zählen dazu. Das Devon wurde allerdings von den Panzerhäutern, Placodermi, beherrscht; unter ihnen gab es Riesen wie *Dunkleosteus*, der mit seinen scharfen Knochenbeißleisten und seinem einen Meter langen Schädel sicher ein gefürchteter Räuber war. Panzerhäuter machten ihrem Namen alle Ehre und verfügten über knöcherne Deckplatten auf der Haut, die sie vor Angreifern schützten. Völlig erfolgreich war diese Schutztaktik allerdings nicht, denn die Placodermi sterben bereits am Ende des Devons aus. Auch ihren Verwandten, den kieferlosen Panzerfischen, erging es nicht viel besser; die einzigen Überlebenden der Kieferlosen sind heute die Neunaugen und die Schleimaale.

Stachelhaie sind die ältesten Tiere mit einem Kiefer, mit Zähnen und Flossen. Sie gelten als nahe Verwandte der Knochenfisch-Urahnen. Die Knochenfische entstehen zusammen mit den Knorpelfischen und erleben ebenfalls im Devon ihre Blütezeit. Knochenfische werden zum einen in die Strahlenflosser (Actinopterygii) mit Flossen, die von dünnen Knochenstrahlen gestützt werden und keine Muskeln tragen, eingeteilt; die meisten unserer heutigen Fische und damit die meisten heutigen Wirbeltiere gehören zu den Strahlenflossern, von denen es über 30 000 rezente Arten gibt. Zum anderen gibt es die Fleischflosser (Sarcopterygii), die man noch einmal in Lungenfische (Dipnoi) und Quastenflosser (Crossopterygii) unterteilt. Von den Lungenfischen gibt es heute nur noch sechs Arten. Neben den Knochen- und Panzerfischen sowie den Stachelhaien gab es echte Knorpelfische, die im Devon weitaus vielfältigere Formen entwickelten als heute.

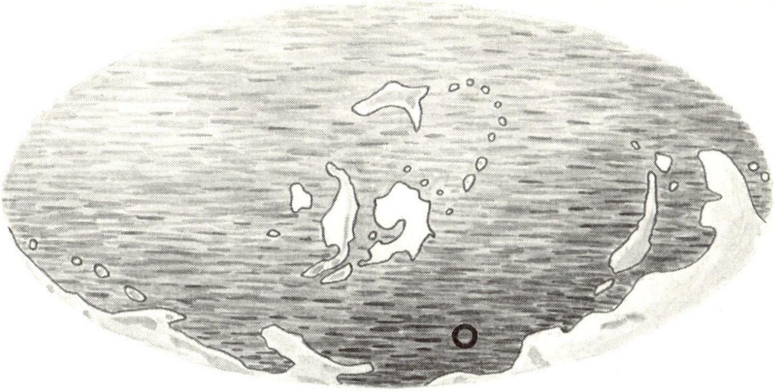

Abb. 23 Die Lage der Kontinente im Silur vor ca. 422 Mio. Jahren. Die meisten Kontinente befanden sich auf der Südhalbkugel. Der Südkontinent Gondwana – mit Südamerika, Afrika, Australien und Indien – lag im Bereich des Südpols. Der Urpazifik Panthalassa bedeckte die Erde zur Hälfte bis in das Mesozoikum.

SILUR (vor 444 bis 416 Millionen Jahren vor heute): Vom Wasser ans Land

80. Was passierte im Silur? Das Erdzeitalter des Silur war kurz und knapp, doch trotz der geringen Zeitspanne von «nur» 28 Millionen Jahren brachte dieser Abschnitt riesige Skorpione, Brachiopoden (Armfüßer) und die ersten Landpflanzen hervor. Benannt wurde das Silur nach dem Keltenstamm der Silurer, die in der Region lebten, in der Sir Roderick Murchison (1792–1871), ein englischer Geologe, zusammen mit seinem Kollegen Adam Sedgwick (1785–1873) die Schichten des Kambrium untersuchten und auf eine bislang unbekannte jüngere Schicht stießen.

Das Silur ist geprägt von einem weltweiten Absinken des Meeresspiegels; dies führte zu einer Verlandung ehemaliger Küstengewässer. Küstenpflanzen hatten damit keine andere Wahl, als entweder sprichwörtlich zu vertrocknen oder sich anzupassen und ohne permanente Wasserzufuhr auszukommen. Zwar sind bereits aus dem Ordovizium erste Sporenfunde überliefert, doch sind für das Silur erstmals Gefäßpflanzen (Kormophyten), die Leitbündelsysteme für Wasser- und

Nährstoffverteilung mitsamt Stützgewebe aufwiesen, fossil belegt. Man nennt diese Urpflanzen Psilophyten oder Nacktpflanzen.

Die Fauna – also die Tierwelt – des Silur ähnelte der des Ordovizium bis auf zwei Ausnahmen: Trilobiten kamen seltener und weniger vielfältig vor und im Oberen Silur tauchten erstmals Stachelhaie (Acanthodier) und Strahlenflosserfische (Actinopterygier) auf. Neben den bereits vorhandenen kieferlosen Panzerfischen verfügten diese beiden «Neuzugänge» in den Urozeanen über Merkmale der meisten heutigen Wirbeltiere: Haut ohne Panzer, paarige Flossen und Unterkiefer. Weitaus furchteinflößender als Stachelhaie müssen jedoch die bis zu zwei Meter langen Seeskorpione (Eurypteriden) gewesen sein. Ihr Name bezieht sich zwar auf das heute noch lebende giftige Insekt, doch waren die silurischen Seeskorpione mit ihren Giftklauen und Spinnenmundwerkzeugen eher mit den Pfeilschwanzkrebsen als mit den heutigen Skorpionen verwandt.

Man nimmt jedoch an, daß genau zu der Zeit der falschen Skorpione auch die ersten echten Skorpione mit der Fähigkeit zur Luftatmung entstanden sind. Bei den Brachiopoden, den Armfüßern, treten im Silur erstmals die Terebrateln auf – eine Untergruppe, gleichfalls ein lebendes Fossil, die noch heute im Atlantik und Mittelmeer vorkommt. Die Cephalopoden (Kopffüßer) setzen – wie bereits im Ordovizium – die Einrollung der Schale weiter fort – ein Trend, der sich später bei den Ammoniten und Nautiloideen noch verstärkt.

Eine weitere Neuigkeit unter Wasser war damals die Entstehung kleiner Riffe, die bis zu fünf Meter hoch und drei Kilometer lang wurden. Die Riffbaumeister waren zumeist Moostiere, Armfüßer und Stromatoporen, Lebewesen, die man taxonomisch (ordnungstechnisch) zwischen Schwamm und Koralle einordnet.

81. Wieso haben Fische Kiefer? So einfach es klingt, so effektiv ist die Existenz eines Kiefers für ein Tier, denn mit diesem Mundwerkzeug, das erstmals fossil für die Zeit des Silur nachgewiesen wurde, konnte das Nahrungsspektrum der Lebewesen enorm erweitert werden. Embryologische Untersuchungen zeigen, daß sich der knorpelige und später knöcherne Unterkiefer aus den Kiemenbögen entwickelt hat. Auch der Oberkiefer wurde vermutlich aus der Kiemenspange gebildet. Der vorderste Kiemenbogen mußte im Laufe der Evolution beweglicher geworden sein, so daß sich der Mund, unabhängig von Kopfbewegungen, öffnen und schließen lassen konnte.

Abb. 24 Fossile Farbenpracht in schwarz-weiß: Die Korallenriffe des oberen Silur am Übergang zum Devon waren farbenprächtige Habitate. Von den langstieligen Crinoiden findet man in manchen Gesteinen Millionen von einzelnen Stielgliedern. Langgestreckte Nautiloideen und bewegliche Trilobiten sind ebenso ausgestorben wie paläozoische Korallen.

Hinter diesem für uns ganz selbstverständlichen Mechanismus steckt außerdem noch der zweite Kiemenbogen, der das Kiefergelenk stabilisierte. Die ursprüngliche Kiemenöffnung wandert nach oben und bildet das Spritzloch, Spiraculum, das bei Haien, Rochen und kieferlosen Fischen wie dem heute noch lebenden Neunauge vorkommt, und der untere Teil bildet das Zungenbein. Der Vorteil dieser Entwicklung liegt auf der Hand: Zum einen konnten Nahrungsaufnahme und Atmung erstmals getrennt voneinander erfolgen und zum anderen bot ein geschlossenes Maul einen geringeren Widerstand beim Schwimmen und wertvolle Nahrungspartikel, die es zu verspeisen galt, konnten – einmal aufgenommen – nicht mehr verlorengehen. Ein weiterer Vorteil lag im perfekten Zerkleinern und Festhalten von größerer Nahrung. Zähne, die den Raubfischen zu ihrer ersten Beute verhalfen, entwickelten sich jedoch erst später. In ihrer einfachsten Form bildeten Zähne konische Gebilde auf dem Kiefer. Bestehend aus einem Knochenkern und bedeckt von Dentin und Zahnschmelz, weisen diese fossilen Zähne eine starke Übereinstimmung mit dem Feinbau von Haifischschuppen auf. Diese Tatsache läßt wiederum vermuten, daß die ersten Zähne in den Mundraum eingewanderte Schuppen waren.

Die ersten Kiefermäuler (Gnathostomata) spalteten sich nach ihrer Entstehung in vier Großgruppen auf: die heute ausgestorbenen Panzerfische (Placodermi) und Stachelhaie (Acanthoden) und die Knorpel- sowie die Knochenfische. Stachelhaie waren wahrscheinlich die Pioniere der Kiefertiere. Ihre Fossilien lassen sich bereits für das obere Silur nachweisen. Die bis zu 15 Zentimeter langen Fische, die außer Kiefer, Zähnen und Brustflossen auch Bauchflossen besaßen, waren mit kleinen Schuppen besetzt und in ihren Bewegungen sehr wendig. Zum Schutz ihrer Flossen bildeten die Stachelhaie ihre namengebenden Stachel aus. Die panzerhäutigen Placodermi waren mit 30 bis 60 Zentimetern Länge weitaus größer als Stachelhaie, besaßen aber wohl keine echten Zähne, sondern scharfe Knochenplatten.

82. Wer waren die ersten Landbesiedler? Um an Land leben zu können, mußten Pflanzen sich einen kräftigen Wachsschutz zulegen, eine Cuticula, die den Wasserverlust verringern und vor UV-Strahlung schützt. Darüber hinaus war die Ausbildung eines Porensystems notwendig, um Gas austauschen zu können und dabei möglichst wenig Wasser zu verlieren. Damit die Pflanze nicht unter ihrem Eigengewicht zusammenbrach, mußten ein Art Korsett entwickelt sowie in dem Organismus Transportsysteme für Wasser und Nährstoffe ausgebaut werden: eine logistische Meisterleistung, die in der Hervorbringung von Wurzeln, die Wasser absorbieren und sich im Boden verankern konnten, «gekrönt» wurde. Die ersten Gefäßpflanzen aus dem Silur weisen bereits verzweigte Stengel und Wasser leitende Röhren auf. Ein wenig später, zu Anfang des Devons, finden sich Pflanzen mit erkennbarer Cuticula, Gefäßen und verstärkten Stengeln und kaum Verzweigungen wie *Cooksonia*.

Berühmter als die *Cooksonia*-Pflanze ist allerdings die 400 Millionen Jahre alte Flora von Rhynie in Schottland, einem wahren Eldorado von Pflanzenfossilien. Hier fand man zum ersten Mal Pflanzen, die nicht zerquetscht, sondern dreidimensional erhalten geblieben sind. Unter den Florafossilien beschrieb man *Asteroxylon*, eine etwa 50 Zentimeter hohe Pflanze, deren Stengel mit spiralig angeordneten, schuppigen Blättchen bewachsen waren und die heutigen Bärlappgewächsen ähnelt. Mit festen Leitbündelgewebssträngen konnte die etwa 20 Zentimeter große *Rhynia* einen aufrechten Stand an Land gewährleisten; sie weist Poren zur Regulierung des Wasserhaushaltes auf. Das Grünzeug *Horneophyton* besaß ein gutes Wasserleitgewebe und bildete buschartige Bestände; seine Sporen reiften in keulenförmigen Kammern an den Zweigspitzen. Photosynthetisch aktive Zweige, die von einer Mittelscheibe aus wuchsen, zeigt das Pflanzenfossil *Sciadophyton*.

Häufiger Fund inmitten der Pflanzenfossilien sind die ersten echten Landtiere wie z. B. *Palaeocharinus*, ein winziges Spinnentier von weniger als einem Millimeter Länge. Spinnenähnliche Tiere und Skorpione waren neben den Tausendfüßlern offenbar die ersten Landtiere.

Abb. 25 Die Lage der Kontinente im Ordovizium vor ca. 468 Mio. Jahren. Australien war am Äquator zu finden, Afrika am Südpol. Laurentia war eine Insel im Iapetus (Uratlantik), der sich langsam zu schließen begann.

ORDOVIZIUM (vor 488 bis 444 Millionen Jahren vor heute): Das erste Massensterben und sein Einfluß auf das Leben im Meer

83. Was geschah im Ordovizium? Die Welt im Ordovizium sah etwas anders aus, als unsere Welt heute: Der Südkontinent Gondwana lag zwar bereits am Südpol, doch Sibirien und Teile Laurentias, das heutige Nordamerika, sowie weitere Landmassen lagen am Äquator. Benannt ist das Zeitalter, das mit dem ersten großen Massensterben der Geschichte und einer großen Vereisung endete, nach dem keltischen Stamm der Ordovizen, die zur Zeit der Römer in Wales lebten.

Exklusiver Lebensraum war damals das Meer; abgesehen von einigen wenigen Algen, die im Gezeitenbereich bereits auf dem Trockenen leben konnten. Das Ordovizium zeichnet sich insgesamt durch eine sehr hohe Biodiversität und der Bildung von Riffen aus. Allerdings starben bereits zu Beginn dieser Epoche die wichtigen Riffbildner des Kambriums, die Archaeocyathiden, aus, deren Rolle im Ökosystem jedoch durch die Armfüßer übernommen wurde. Armfüßer, oder besser gesagt riffbildende Brachiopoden, sind neben den

Graptolithen die wichtigste Fossilgruppe im Ordovizium. Röhren- und Becherbildende Korallen (tabulate und rugose) entstehen, die in Kolonien die Meere des Ordoviziums besiedelten. Ihre Blütezeit erlebten damals – zumindest was Formenvielfalt und Größe anbelangt – die Trilobiten und auch die Kopffüßler mit der Gruppe der Orthoceraten. Diese besaßen – ähnlich wie die Ammoniten – eine in Kammern unterteilte Schale, allerdings waren die Orthoceraten nicht eingerollt, sondern lang und gestreckt. Einige Schalen erreichten im Ordovizium immerhin die stattliche Länge von neun Metern. Es sind Angehörige der Gruppe der Nautiloideen, die es, vertreten durch *Nautilus*, noch heute gibt. Während des Ordoviziums tauchten die ersten kieferlosen Fische, die Agnathen auf. Heutzutage gibt es als letzte lebende Vertreter dieser Fischgruppe die Schleimaale und die Neunaugen.

Die Meeresflora und Fauna erlebte gegen Ende des Ordoviziums ihre erste Krise: Fast ein Drittel aller Brachiopodenfamilien verschwand für immer; ebenso betroffen waren Kopffüßer, Moostiere und Graptolithen. Darüber hinaus verschwanden fast alle Rifflebensgemeinschaften. Ursache für dieses Massensterben war eine Eiszeit, die heute sicher belegt werden kann. Hinweise auf das Vorkommen von Gletschern in der Sahara gibt es bereits während des späten Ordovizium. Auslöser der Eiszeit war der Riesenkontinent Gondwana, der aus dem heutigen Südamerika, Afrika, der Antarktis, Indien und Australien bestand. Er lag über dem damaligen Südpol und kühlte sich stark ab, so daß Gletscher entstehen konnten. Durch die Eisbildung sank weltweit der Meeresspiegel; dies hatte zur Folge, daß viele Meereslebensgemeinschaften buchstäblich auf dem Trockenen saßen und starben. Verstärkt wurde die Katastrophe durch eine globale Klimaabkühlung. Theoretisch könnte dies sogar eine Verlagerung der damaligen Meeresströmungen ausgelöst haben, wobei, so die Theorie, sauerstoffarmes Tiefenwasser nach oben geführt und dort das Leben erstickt habe.

84. Was ist unter der ersten Landinvasion zu verstehen? Der Landgang vieler Organismen und Lebewesen ist nur schwer nachzuweisen, da das Land schlechtere Erhaltungsbedingungen bot als der Lebensraum Wasser. Mit Sicherheit waren es Algen und Cyanobakterien, die als erste Organismen den Landgang wagten. Ob dies freiwillig oder unfreiwillig geschah, bleibt Spekulation. Doch tolerierten es beide Lebensformen, für kurze Zeit der Luft ausgesetzt zu sein. Damals war die UV-Strahlung durch die neu entstandene Ozonschicht nicht mehr ganz so aggressiv und schädlich für die ersten Landgänger.

Als Vorfahren der Landpflanzen gelten Grünalgen, die vermutlich im Süßwasser lebten. Sie besaßen alle Chlorophylle, die auch bei heutigen Landpflanzen vorhanden sind. Die heute im Süß- oder Brackwasser lebenden Armleuchteralgen (Charophyten) gelten als die nächsten Verwandten der Urlandpflanzen. Zur Regulierung des Wasserhaushaltes der ersten Landpflanzen mußten geeignete physiologische Mechanismen entwickelt werden. Der Übergang vom Süßwasser zum Land hatte den Vorteil, daß Süßwasser im Vergleich zu Meerwasser weniger dicht ist und so eine Vorbereitung für die Luft bot, die das Lebewesen an Land umgab und die Körper noch weniger tragen bzw. stützen konnte. Die frühesten echten fossilen Landpflanzen stammen aus dem Übergang zwischen Ordovizium und Silur. Die Fragmente bestehen überwiegend aus Sporenansammlungen und wenigen Stükken von Röhrengewebe; diese Pflanzen ähneln heutigen Laub- und Lebermoosen. Lebermoose besitzen überhaupt recht archaische Eigenschaften, die sie als frühe Landbewohner geradezu dazu prädestinierten, ein erfolgreiches Leben ohne Wasser zu führen: Sie überziehen Algenmatten, können den lebensnotwendigen Stickstoff binden, da sie mit den Cyanobakterien eine Symbiose eingehen, und haben einen derart kurzen Lebenszyklus, daß selbst widrige Zeiten überstanden werden können. Darüber hinaus haben Lebermoose die Eigenschaft, sich rasch verändern zu können und sich durch widerstandsfähige Sporen gegen Austrocknung zu schützen.

Die Landinvasion der Pflanzen führte im Ordovizium zur Bildung von Böden, die wiederum den ersten Tieren als Nahrungsquelle dienten. Tierische Pioniere an Land waren die Gliederfüßer (Arthropoden). Auch sie waren perfekt auf den Landgang vorbereitet: Eine dicke Cuticula schützte sie vor der Austrocknung, und dank ihrer geringen Größe mußten sie nicht so sehr gegen die Schwerkraft ankämpfen. Das Atemproblem wurde von den Gliederfüßern auf unterschiedliche Weise gelöst: Insekten entwickelten Tracheen und Krebse wandelten ihre Kiemen um.

85. Welche Tiere lebten im Ur-Meer? Auf jeden Fall Graptolithen. Sie bilden eine der größten Fossiliengruppen aus dem Ur-Meer des Ordovizium. Graptolith bedeutet soviel wie «Schriftstein». Die kleinen Fossilien heben sich als dunkle Abdrücke auf hellem Gestein aber

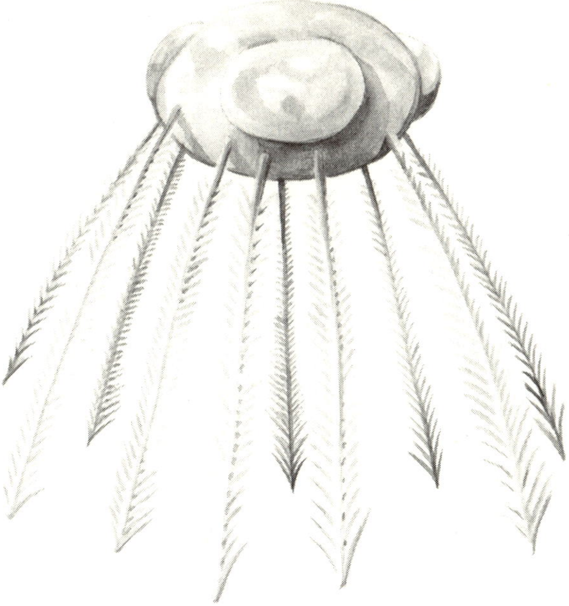

Abb. 26 Pflanze oder Tier? Graptolithen gehören zu den Leitfossilien des Ordovizium. Die Tiere, die man früher für Pflanzen hielt, trieben frei im Wasser und bildeten verästelte Kolonien in röhrenförmigen, hohlen Strukturen. Jedes Einzelwesen befand sich in einer Chitinhülle, verbunden mit Stielen. Wahrscheinlich ernährten sie sich, indem sie Plankton aus dem Meerwasser filterten.

auch umgekehrt deutlich ab und ähneln tatsächlich Schriftzeichen. Graptolithen sind ausgezeichnete Leitfossilien für das Silur und das Ordovizium, da sie in diesen Zeitaltern eine unglaubliche Vielfalt besaßen. Allerdings wusste man lange nicht, zu welcher Tiergruppe man sie zählen sollte, bis man herausfand, daß jede Zacke eines Schriftzeichens ein winziger Kelch war, in dem ein Organismus saß. Jedes Schriftzeichen war also eine Kolonie vieler Tiere, die sich durchs Meer treiben ließ und so einen Teil des Planktons bildete. Graptolithen erinnern in ihrer Gestalt an Nesseltiere, verwandt sind sie allerdings mit Wirbeltieren. Neben den Graptolithen verwendete man lange Zeit auch die bereits erwähnten Conodonten – kleine, zahnähnliche Gebilde mit großer Formenvielfalt – als Leitfossilien, die sich nach über 100 Jahren Forschung als Zahnapparate kleiner aalähnlicher Tiere aus der Wirbeltierverwandtschaft herausstellte.

Trilobiten (Dreilapper, «Dreilappkrebse») bevölkerten ebenfalls die Ur-Meere. Ausgestattet mit Facettenaugen, einem robusten Kopfschild und Wangenstacheln liefen diese asselähnlichen Tiere wohl auf dem Meeresboden herum und fraßen kleine Nahrungspartikel. Die sogenannten Pfeilschwanzkrebse, mit Spinnen und Skorpionen verwandt, wären uns im ordovizischen Meer bekannt vorgekommen, denn es gibt sie bis heute. Weniger bekannt wären uns allerdings rugose Korallen. Im Gegensatz zu den meisten anderen Korallen bildeten diese keine Kolonien, sondern lebten einzeln und geschützt in einem tütenförmigen Kelch, dem sie ihren Namen – Runzelkorallen – verdanken. Aus dem Devon ist eine Form bekannt, die sogar eine gewisse Ähnlichkeit mit einer Sandale hat und daher als *Calceola sandalina* bezeichnet wird. Tabulate Korallen hingegen kennt man bis jetzt nur als koloniale Tiere. Ihren Namen verdanken sie den Querböden, die sie von Zeit zu Zeit in ihr Kalkskelett einzogen, um es zu stabilisieren. Sie waren die wichtigsten Riffbildner im Ordovizium zusammen mit den Bryozoen (Moostierchen), von denen es bis heute noch ca. 5000 Arten gibt. Millionen der nur etwa ein Millimeter großen Tieren bilden eine Bryozoen-Kolonie. Jedes einzelne Tier baut sich dabei jedoch ein eigenes festes Gehäuse aus Chitin auf, das zum Teil mit Kalk verstärkt wird. Aus diesem Gehäuse schaut eine Tentakelkrone, mit der das Tier sich seine Nahrung aus dem Wasser filtert.

Kopffüßer, Schnecken und Muscheln waren in den Ur-Meeren ebenso zu Hause wie die Brachiopoden. Das sind Armfüßer, die man – auf den ersten Blick – mit Meeresmuscheln verwechseln könnte. Das Innere offenbart jedoch wichtige Unterschiede: Während Muscheln eine linke und eine rechte Klappe haben, weisen die Schalenhälften der Brachiopoden nach oben und unten und sie haben eine Bauch- und eine Rückenklappe. Durch ein Loch in der Bauchklappe ragt bei Brachiopoden eine Art Stiel, mit dem sich die Tiere mit dem Rücken nach auf dem Untergrund verankern. Heute leben nur noch 380 Brachiopoden-Arten. Auch die Seelilien waren in den Meeren des Erdaltertums weit verbreitet. Seelilien sind als Stachelhäuter Verwandte der Seeigel und Seesterne; sie waren, wie die wenigen heutigen Formen auch, mit einem Stiel aus vielen einzelnen Stielgliedern am Untergrund befestigt.

86. Weshalb haben wir Menschen Kiemen? Haben sie die tatsächlich? Ja, doch die Kiemenbögen werden nur angelegt und die Kiemenspalten brechen nicht ganz durch. Die Kiemenbögen sind ein Erbe der Chordaten – jener bereits erwähnten Urwirbeltiere mit einem Rükkenstrang –, das wir Menschen noch heute während der Embryonalentwicklung antreten. Von den Kiemenbögen leiten sich viele wichtige Strukturen in unserem Körper ab. Anatomische Strukturen, die wir diesem Urzeiterbe verdanken, sind der Unterkiefer, und damit auch die Gehörknöchelchen, das Zungenbein und der Verlauf der Adern in unserem Brustkorb und in unserem Hals. Urzeitliche Anlagen wie diese finden sich in der Evolution häufig: So sind bei Walen in der Embryonalentwicklung noch Haare angelegt, und Vogelembryonen weisen nach wie vor drei einzelne Finger auf. Der Grund für das Auftreten von alten Strukturen in neuem Leben ist die Tatsache, daß die Fertigstellung dieser Uranlagen einen wichtigen Impuls gibt für die Bildung von Organen, die nach der Geburt des Lebewesens gebraucht werden. Man könnte sagen, daß sich alte Anlagen wie eine Art Katalysator für neue Organe verhalten. Die Körpergestalt eines Embryos erlaubt damit recht klare Einblicke in das Wenn-Dann-Verhältnis einer derartigen Entwicklung: Wenn sich Kiemenbögen ausgebildet haben, dann beginnt der Organismus mit der Bildung der Kiefer. Genetisch wird die Lage der Organe zueinander von den Hox-Genen gesteuert. Das Ein- oder Ausschalten dieser Gengruppe verursacht ebenfalls die Bildung von Organen, die in ihren Anlagen jedoch nur noch soweit «gebaut» werden, wie es für die Aktivierung weiterer Entwicklungsschritte notwendig ist. Obwohl bei uns die Kiemen für die Entstehung des Kiefers unabdingbar sind, gibt es Fische, die zwar Kiemen haben, aber keine Kiefer. Diese sogenannten kieferlosen Fische, die Agnatha, sind wahrscheinlich aus der Weiterentwicklung von *Pikaia*s Kiemendarm entstanden. Immerhin zählt dieser Darm bei den heutigen Lanzettfischen insgesamt 180 Kiemenbögen. Die ersten urzeitlichen Fische filterten mit Hilfe der Kiemen Nahrung aus dem Wasser. Die rezenten (heutigen) kieferlosen Fische filtern aber nicht um an Nahrung zu kommen: Neunaugen, die zu den Kieferlosen zählen, besitzen eine geschickte Raspelzunge, mit der sie von Aas Hautfetzen abreiben können. Die Spezialisierung der modernen Lebensweisen kieferloser Fische liefert allerdings kein Vorbild für die ihrer fossilen Artgenossen; hier ist die Wissenschaft ausschließlich auf Fossilfunde angewiesen.

KAMBRIUM (vor 542 bis 488 Millionen Jahren vor heute): Die Entfaltung des Lebens auf der Erde

87. Was ist die Kambrische Explosion? 1909 entdeckte der Paläontologe Charles Doolittle Walcott im kanadischen Yoho-Nationalpark Fossilien im sogenannten Burgess-Schiefer, eine reiche Fossilfauna von ehemals hart- und weichschaligen Tieren. Aus dem Präkambrium kannte man bereits viele weiche Organismen, die Vendozoen, die allerdings keine gute Fossilerhaltung aufwiesen und wenig formenreich waren. Nun auf einmal hatte man es also dank der Entdeckung Walcotts mit einem ganzen Haufen von unterschiedlichen Formen zu tun, die, so schien es, recht plötzlich aufgetaucht sein mußten.

Man spricht daher von der kambrischen Explosion von Lebensformen. Die Tiere aus dem Burgess-Schiefer, die als am besten erhaltene Fossilien dieser Zeit gelten, kamen wahrscheinlich durch eine Schlammrutschung ums Leben. Ihre Überreste wurden mit äußerst feinkörnigem Sediment zugedeckt, so daß sich kleinste Details erhalten konnten. Walcott und seine Kollegen versuchten, die Fülle an Fossilien heutigen Gruppen zuzuordnen – ein Versuch, der fehlschlagen mußte und damit endete, daß fast alle Lebewesen als Würmer klassifiziert wurden. 60 Jahre später versuchten sich Paläontologen wie Harry Whittington an einer Neuuntersuchung der Burgess-Fossilien, und siehe da, sie kamen zu dem Schluß, daß es sich bei vielen dieser Lebewesen um Gruppen handelte, die es heute so gar nicht mehr gibt. Zusätzlich waren aber von den 25 bis 30 heutigen Tierstämmen fast alle durch mindestens eine Form vertreten. Dies verhalf Stephen Jay Gould zu der Grundidee für seinen Bestseller «Zufall Mensch», in dem er die Vermutung aufstellt, daß die Geschichte des Lebens anders verlaufen wäre, wenn am Ende des Kambriums andere Gruppen als die heutigen überlebt hätten.

Seit neuestem machen dem Burgess-Schiefer Fundstellen in China Konkurrenz. Die 515 Millionen Jahre alten Schichten im südchinesischen Yunnan oder der Chengjiang-Formation mit einem Alter von 525 Millionen Jahre weisen ähnliche Fossilien auf wie aus dem Burgess-Schiefer, allerdings in noch besserem Erhaltungszustand. Was genau die Explosion der Lebensvielfalt im Kambrium verursachte ist nach wie vor unklar. Zum einen könnte der Anstieg des Sauerstoffge-

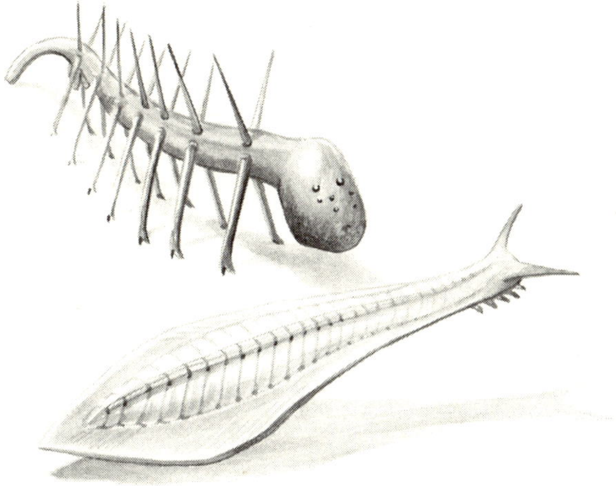

Abb. 27 Die Meereswelt des Burgess-Schiefers wimmelte von seltsamen Kreaturen. Besonders rätselhaft war – wie der Name schon vermuten läßt – *Hallucigenia*, oben, ein Wurm der ursprünglich – wie hier abgebildet – auf seinen Stacheln sitzend rekonstruiert wurde.
Pikaia, unten, möglicherweise der Vorfahre aller Wirbeltiere, ist einer der interessantesten Tierfunde aus dem Burgess-Schiefer. Der abgeflachte Körper gliedert sich in paarig segmentierte Muskulaturabschnitte. Die Muskeln liegen jeweils seitlich eines beweglichen Stützstabes, der vom Kopf bis zum Schwanzende reicht. Eine Reihe kurzer Anhänge auf jeder Seite des Kopfes waren höchstwahrscheinlich mit den Kiemenspalten verbunden.

halts im Meer eine Entstehung von größeren und vor allem aktiveren Tieren angeregt haben, doch bereits im Präkambrium galt der Sauerstoffgehalt als vergleichsweise hoch. Zum anderen besagt eine Hypothese, daß in der Entstehung von grabenden Tieren die Antwort auf die Vervielfältigung des Lebens zu suchen ist: grabende Tiere zerstörten Bakterienmatten, also die Nahrung der Ediacara-Tiere, und es kam erstmals zu einer Räuber-Beute-Situation, die zur Folge hatte, daß sich die räuberischen Tiere immer besser ausstatteten – dazu gehörten Greiforgane, feste Mundwerkzeuge, schnelles Schwimmen und leistungsfähige Sinne; die Beutetiere dagegen rüsteten sich mit festerer Panzerung und entwickelten bessere Fluchtstrategien und entsprechende Sinne.

88. Warum haben wir eine Wirbelsäule? *Pikaia*, benannt nach dem Berg Pika, der nahe der Fundstätte des Burgess-Schiefers liegt, war das erste Lebewesen mit einer Wirbelsäule und damit der Trendsetter in der Geschichte eines Körperteils, das uns heute stehen, liegen, laufen und sitzen läßt. Der fossile Winzling weist mit einer Länge von maximal acht Zentimetern V-förmige Muskelbündel auf, wie man sie sonst nur von heute lebenden Chordaten kennt. Als Chordaten wird jener Tierstamm bezeichnet, zu dem Wirbeltiere, Lanzettfischchen und die nur unzureichend erforschte Tiergruppe der Manteltiere, Tunicaten, gehören. Alle drei Gruppen besitzen ein Stützgebilde, das man als *Chorda dorsalis* oder Rückensaite bezeichnet. Erwachsene Wirbeltiere ersetzen die Chorda dorsalis durch eine Wirbelsäule, allerdings gibt es Fische, wie Neunaugen und Schleimaale, die die Chorda beibehalten. Die Chorda dorsalis verläuft unterhalb des Rückenmarks und wird gebildet aus einer Bindegewebsscheide und einer Füllung aus flüssigkeitsgefüllten Zellen, die den Körper stabilisieren und die Körperlänge konstant hält. Würde *Pikaia* heute noch leben, würde man den Pionier unter den Wirbeltieren zu den Schädellosen, den Acrania, zählen.

Die Urahnen aller Wirbeltiere waren vermutlich sehr agile Schwimmer. Als erstes echtes Wirbeltier galt bis vor kurzem der kieferlose Fisch *Astraspis* aus dem Ordovizium. Kopf und Rumpf des Tieres waren durch breite, ovale Knochenplatten aus Calciumphosphat geschützt. Seine Nahrung filterte *Astraspis* vermutlich mit Hilfe von Kiemenschlitzen aus dem Wasser. Zwischen dem 10 Zentimeter kurzen Tier und *Pikaia* klafft allerdings eine 30 Millionen Jahre große Fundlücke. Der Fisch aus Haiko, *Haikouichthys*, ein Fossil aus chinesischen Kambriumschichten, weist echte Kiemenbögen auf, und möglicherweise sind bei dem 530 Millionen Jahre alten Fisch sogar Knorpelstrukturen überliefert. Mit diesem Alter und den notwendigen anatomischen Eigenschaften wäre *Haikouichthys* das älteste echte Wirbeltier. Mit der Entstehung der Wirbelsäule ging die Entstehung des Schädels einher. Man nimmt an, daß sich durch die Fortbewegung im Wasser der vorderste Körperteil, der immer wieder neuen Sinneseindrücken ausgesetzt war, durch die Konzentration von Nervengewebe zu einem Kopf ausgebildet hat.

89. Wie gefährlich waren Würmer? Würmer sind für Zoologen fast alle Lebewesen, die eher lang als breit sind, keine Knochen haben und sich schlecht zuordnen lassen. Kein Wunder also, daß die kambrische Explosion viele Lebewesen hervorbrachte, die man als Würmer im weitesten Sinne bezeichnen konnte. So kam es zu einigen Fehlinterpretationen, wie beispielsweise bei *Anomalocaris*, einem bis zu einem Meter langen Wurm mit kräftigen Greifern, die Garnelenschwänzen zum Verwechseln ähnlich sehen. Deshalb auch der Name *Anomalocaris*, was soviel wie seltsame Garnele bedeutet. Dem Maul, geformt wie eine Ananasscheibe, folgte ein gegliederter Körper mit blattförmigen Anhängen, die man für Schwämme hielt. Erst nach dem Fund eines gut erhaltenen Fossils der seltsamen Garnelen wurde klar, daß es sich um ein einziges Tier handelte und nicht um ein Dreiergespann aus Schwamm, Qualle und Garnele. Ausgestattet mit großen Facettenaugen, war es der größte und gefährlichste Raubwurm in den kambrischen Meeren. Heute wird er den Arthropoden zugeordnet. Der Räuber teilte sein Revier mit *Opabinia*. Immerhin 7 bis 8 Zentimeter lang, ausgestattet mit fünf gestielten Augen und einem bezahnten Rüssel, machte dieser Wurm ebenfalls Jagd auf kleinere Meeresmitbewohner. Heute wird *Opabinia* zu den Ringel- oder Rüsselwürmern gezählt.

Ein weiterer Wurm im der kambrischen Vielfalt ist *Hallucigenia* mit Stachelpaaren auf dem Rücken. Dieser kleine, nur bis zu drei Zentimeter kurze Wurm lief auf fleischigen Stummelfüßchen und fraß wahrscheinlich nur kleinere Nahrungspartikel. Bei seiner ersten Rekonstruktion wurde der arme Wurm sogar auf den Kopf gestellt – auf den Stacheln laufend; vielleicht kam daher der Name, der eher an halluzinatorische Geschöpfe aus Alb- und Fieberträumen erinnert. Der Miniwurm gilt heute als Vertreter der Stummelfüßer, die Verwandte sowohl der Gliederfüßer als auch der Ringelwürmer sind. Heute findet man Abkömmlinge von *Hallucigenia* beispielsweise in Indonesien (*Peripatus*).

Ein weiterer stummelfüßiger Verwandter war *Aysheaia*. Der fünf Zentimeter lange Wurm mit rundlichem Körper, einem Kopf mit Anhängen und fleischigen Beinchen sieht dem heutigen *Peripatus* recht ähnlich. Ein wichtiger Unterschied zwischen den fossilen und rezenten Formen ist das Habitat: Lebten kambrische Stummelfüßer ausschließlich im Meer, so leben all ihre heutigen Verwandten an Land, allerdings oft unweit von Wasserquellen. Alle heutigen Stummelfüßer sind hinterlistige Räuber, die klebrige Netze ausspucken können, um größere Insekten am Boden zu fangen.

Der hutförmige *Wiwaxia*-Wurm hatte zwei Reihen von Stacheln und einen Panzer aus festen Schuppen, um sich gegen seine natürlichen Feinde zu verteidigen. Ganz unwurmförmig in seinem Aussehen gehörte er zu den Vielborstern, die am Meeresboden lebten und sich von Kleinstlebewesen ernährten. Der bis zu acht Zentimeter lange *Ottoia* lebte vermutlich verdeckt im Sediment eingegraben. Mit seinem bezahnten Rüssel fing und verzehrte er die Beute, die sich nichts ahnend vor seinem Versteck aufhielt. Er zählt zu den Rüsselwürmern, von denen es heute nur noch wenige gibt – kein Wunder, denn diesen Tierchen wird sogar Kannibalismus nachgesagt.

Marrella, ein zwei Zentimeter kurzer Wurm, hatte Gliederfüße und einen Kopfschild mit Antennen und Stacheln. Er erinnert eher an die heute ausgestorbenen Trilobiten, also Gliederfüßer, nicht aber an Würmer. Die bereits erwähnte *Pikaia* fällt mit ihrer Versteifung am Rücken etwas aus der Reihe der normalen kambrischen Würmer und gilt daher als möglicher Vorfahre der Wirbeltiere.

90. Wozu sind Schalen nützlich? Schalen dienen als Außenskelette dem Schutz von Lebewesen. Als erste Tiergruppe brachten Arthropoden und die Trilobiten, gepanzerte Gliederfüßer, diesen natürlichen Schutzschild gegen Feinde hervor. Ab dem Kambrium war es dann ja auch höchste Zeit, sich gegen die nunmehr existierenden Räuber zu schützen. Allerdings war die Bildung von Schalen abhängig von der Zusammensetzung des Meerwassers, denn ohne Kalzium gab es keine Panzer. Man nimmt an, daß der Urozean, ähnlich wie sprudelndes Mineralwasser, sehr kohlensäurehaltig war und sich durch das gelöste Kohlendioxid und Natrium Soda gebildet haben könnte. Die chemische Reaktion mit Kalziumchlorid, das durch die Verwitterung von Gestein freigesetzt wurde, habe dann zum Umschwung des «Soda-Ozeans» in einen kalziumkarbonathaltigen «Kochsalz-Ozean» beigetragen, der so ideale Bedingungen für die Entstehung von Kalkschalen schuf. Die Trilobiten beispielsweise waren geschützt durch einen mineralischen Calcitpanzer, der den Räubern zu wenige Nährstoffe bot, um die Beuteliste anzuführen. Trilobiten waren jedoch nur auf der Oberseite ihres Körpers gepanzert und hatten Beine, die beispielsweise auf Röntgenaufnahmen von Fossilien aus dem Hunsrückschiefer deutlich sichtbar sind. Mit festen Mundwerkzeugen ausgestattet, schafften sie es, größere Beutetiere in Windeseile zu zerteilen und zu verspeisen. Einen konstruktiven Nachteil hatte jedoch der Bau der ersten gepanzerten Gliederfüßer: Das Schutzschild konnte nicht mitwachsen, deshalb mußten sich die Trilobiten häuten und konnten abgetrennte Gliedmaßen wieder regenerieren. Die leeren Häutungspanzer von Trilobiten geben uns heute als Fossilien Auskunft darüber, wie der Prozess des «Kleiderwechsels» vonstatten ging: Die Naht riß am Kopf auf und der Trilobit konnte aus seiner alten Haut regelrecht herauskrabbeln. Die neue Haut, so ist es zumindest bei heutigen Tieren, war dann wohl noch etwas weich, so daß sie, bis zur Aushärtung, fexibel war und quasi aufgepumpt und größer werden konnte als die alte Hülle. Dieser Vorgang machte das Tier indes für einige Stunden schutzlos.

Neben Gliederfüßern bildeten auch Brachiopoden und Muscheln Schalen, die sogar mitwachsen konnten. Die Giganten unter den schalenbildenden Tieren waren die Riesen-Ammoniten: Ihre bis zu 2 Meter großen Schalen dienten, wie Ballasttanks in U-Booten, als Auftriebskörper.

PROTEROZOIKUM (vor 2500 bis 542 Millionen Jahren vor heute): Sauerstoff entsteht

91. Was passierte im Proterozoikum? «Die Frühzeit der Tiere». Tiere existierten bereits vor 600 Millionen Jahren, also nach der Totalvereisung des Schneeballs Erde. Die Ediacara-Fossilien, benannt nach ihrer Fundstelle, den Edicara Hills im Süden Australiens, und weitere Funde in Namibia, Südchina, England, Neufundland und Nevada, belegen diese frühe Besiedlung der Erde durch Lebewesen. Bis heute ist jedoch noch nicht ganz klar, ob es sich bei diesen Lebewesen um Tiere oder um Pflanzen handelte. Die fossilen Überreste dieser Zeit werden deshalb oft neutral als Lebewesen des Vendiums, der letzten Phase des Proterozoikums, bezeichnet. Diese Vendobionta waren weiche Lebewesen ohne Schale. Man findet daher auch nur Abdrücke und keine Körperfossilien. Viele dieser Vendobionta werden als Mehrzeller angesehen. Doch fehlen bislang jegliche Hinweise auf ein komplexes Innenleben dieser sehr dünnen und flächigen Lebewesen. Dolf Seilacher, ein Tübinger Paläontologe, vermutet aufgrund des luftmatratzenähnlichen Aufbaus der Lebewesen, daß Vendobionta möglicherweise riesige Einzeller wie Foraminiferen ge-

Abb. 28 In den Flachmeeren des Proterozoikums lebten Weichkörperorganismen ohne feste Schale. Sie waren weder Tiere noch Pflanzen, sondern eine ausgestorbene Gruppe von Organismen, die in einer Art evolutionärer Sackgasse endete. Einige lebten auf dem Meeresgrund und hatten hohle Körper, die mit Sand gefüllt waren (*Ernietta*, rechts). Manche federartige Lebewesen, wie *Charnia*, links, weisen Ähnlichkeiten mit den heutigen Seeanemonen und Seefedern auf.

wesen sein könnten. Foraminiferen sind bis zu 10 Quadratzentimeter große Einzeller, deren fossile Überreste man unter anderem in den Kalksteinblöcken der Pyramiden von Gizeh besichtigen kann. In der Tiefsee sind einige dieser Rieseneinzeller sogar bis heute erhalten geblieben: Die blattförmige *Xenophyophora* bringt es auf eine Größe von immerhin bis zu 17 Zentimetern im Durchmesser. Neben den Vendobionta ist das Proterozoikum geprägt vom unbändigen Mikrobenmattenwuchs. Abgegrast wurden diese Matten von einigen wenigen

Urmollusken (z. B. Schnecken). Da es bislang keine Fraßspuren an der Edicara-Fauna gibt, bezeichnet man dieses friedliche Zusammenleben von grasenden Urmollusken, Quallen und Vendobionta als «friedlichen Garten von Edicara». Erst die Entstehung von grabenden Tieren und Räubern setzte dem proterozoischen Idyll ein Ende.

92. Wann gab es das erste Schneechaos? Die Erde, eine einzige Schneekugel? Kaum vorstellbar, aber es gibt Hinweise auf eine komplette Vereisung der Welt gegen Ende des Proterozoikums vor 750 bis 600 Millionen Jahren. Aus dem 120 Millionen Jahre andauernden letzten Intervall dieses Erdzeitalters, das man neuerdings auch *Cryogenium* nennt, sind immerhin mindestens vier Vereisungen bekannt. Fossile Gletschersedimente und Dolomite, die durch marine Sedimentation – Ablagerungen im Meer – im tropischen Klima entstehen, wechseln sich in den Schichten ab. Selbst nahe des Äquators findet man diese Ablagerung, die auf ein Klima der Extreme hinweisen: Extreme Vereisungen müssen sich mit extremen Treibhausbedingungen abgewechselt haben. Warum es zu einer so umfassenden Vereisung der Erde kam, ist noch ungeklärt. Wissenschaftler nehmen an, daß möglicherweise zuviel Sauerstoff, der durch die erste Photosynthese entstanden war, und zu wenig Kohlendioxid die erste Klimakatastrophe mit Schneeballeffekt verursacht haben könnten. Dieses Zusammenwirken führte dazu, daß es insgesamt abkühlte, da die extreme Sonnenstrahlung nicht mehr zurückgehalten werden konnte. Mit der Entstehung der ersten großen Eisflächen bahnte sich die Katastrophe bereits an: Die Eisschilde reflektierten das Sonnenlicht zurück bis ins All, was zur Folge hatte, daß es noch kälter wurde und sich noch mehr Eis bildete. Selbst der Äquator wurde von Eis bedeckt; die Temperatur dürfte bei frostigen -40 Grad Celsius gelegen haben. Man spricht daher auch von einem Eisballeffekt, dem Snowball Earth, denn so muß die Welt damals ausgesehen haben: wie ein gigantisch großer Schneeball. Überlebensnischen boten damals nur dünne Eisschichten, Eislöcher oder heiße untermeerische Quellen (Hydrothermalschlote).

Die ältesten Spuren einer solchen Komplettvereisung sind 2,3 Milliarden Jahre alt. Isotopenmessungen an Karbonatablagerungen, die von photosynthetisch aktiven Organismen stammten, lassen vermuten, daß während einer Zeitspanne von 10 Millionen Jahren keine Photosynthese stattfinden konnte. Unserem aktiven Erdinneren ist es zu verdanken, daß der gigantische Schneeball namens Erde heute belebt ist. Ausbrechende Vulkane setzten Kohlendioxid frei, ein neuer Treibhauseffekt entstand, der das Eis schmelzen ließ. Damit hatte die Sonne eine geringere Reflektionsfläche, konnte also nicht mehr zurück ins All strahlen, es wurde wärmer, bis endlich die Eismassen verschwanden. Von Dauer war dieser Zustand jedoch nicht. Wahrscheinlich fand innerhalb weniger Jahrtausende wieder ein Treibhauseffekt statt, der mit hohen Temperaturen von bis zu 50 Grad der Atmosphäre erneut Kohlendioxid entzog und damit wiederum der Schneeball-Zyklus angestoßen wurde. Nach dem allerletzten Schneeballeffekt verhinderte die Evolution großer weidender Metazoen (z. B. Ediacara-Fauna) ein erneutes Schneechaos: die Ediacara-Organismen breiteten sich zu Matten aus und diese Grünfläche bot damit keine Reflektionsfläche mehr für die Sonne – der Schneeballkreislauf war damit gestoppt.

93. Seit wann gibt es Quallen? Komplexe Organismen wie Schwämme oder Quallen in Süß- und Salzwasser gab es bereits vor 600 Millionen Jahren. Als erste Vielzeller überhaupt waren es die nerven- und muskellosen Schwämme, an denen sich erste fossile Skelettelemente nachweisen lassen. Sie besitzen, wie die nachfolgend entstehenden Quallen, zwei Keimblätter, während alle anderen Tiere drei aufweisen. Quallen, die gemeinsam mit den Rippenquallen die Gruppe der sogenannten Coelenterata oder Hohltiere bilden, sind zusammen mit den Schwämmen primär radiärsymmetrisch (kreisrund), alle anderen Tiere sind primär bilateral symmetrisch (spiegelsymmetrisch). Einige Formen wie Seesterne und Seeigel haben sekundär wieder eine radiärsymmetrische Körperform neu entwickelt.

Egal ob Polyp oder Qualle, der Aufbau dieser Tiere war und ist bis heute gleichgeblieben: Ein Polyp ist mit einer Fußscheibe am Untergrund verankert und fängt Beutetiere mit den Tentakeln; die Öffnung für Mund und After sitzt oben. Quallen sind auf den Kopf gestellte freischwimmende Polypen: Der Mund sitzt unten, die Tentakel hängen nach unten und die Fußscheibe ist zu einer Art Schirm umgewandelt. Alle heutigen Nachfahren dieser ersten Nesseltiere verfügen an ihren Tentakeln mit den Nesselzellen mitunter über die erstaunlichsten Sekrete im Tierreich. Die Zellen bilden Kapseln mit nach innen gestülpten Stiletten oder Schläuchen, die sich bei Kontakt der Tentakel mit einem möglichen Beutetier explosionsartig entladen.

Das Stilett oder der Schlauch werden handschuhartig vorgestülpt und durchdringen die Haut oder den Panzer der Beute. Dieser Jagdvorgang dauert nur wenige Bruchteile von Sekunden und ist eine der schnellsten Bewegungen in der Natur. Mit dem Stilett wird dem Beutetier Gift injiziert, das, extrahiert man es beispielsweise aus einer einzigen Würfelqualle, bis zu 200 erwachsene Menschen töten könnte.

Nach wie vor ist allerdings umstritten, ob das Fossil *Triobrachidium* aus der Ediacara-Fauna mit 600 Millionen Jahren die älteste Qualle und damit das älteste Nesseltier repräsentiert. Heutige Quallen zeigen innerhalb ihrer Radiärsymmetrie jedenfalls eine Vierersymmetrie: Vier Mundlappen sind ebenso entwickelt wie vier Gonaden (Keimdrüsen). Das fossile Nesseltierchen *Triobrachidium* ist zwar auch radiärsymmetrisch, aber der innere Aufbau zeigt eine Dreizahl von Kanälchen.

Als Conularien bezeichnet man eine fossile Gruppe, die man den Nesseltieren und genauer den Scyphozoa, zu denen die meisten fossilen Quallen gehören, zuordnet. Sie bildeten dünne chitinhaltige Schalen, die aussahen wie viereckige Schultüten. In dieser Schale saß wahrscheinlich ein Polyp. Fossilien dieser Art sind seit dem Kambrium bekannt.

Ähnlich alt wie Quallen sind auch die ersten Bilaterier, also Tiere mit einer linken und einer rechten Körperseite. Älteste Funde lassen sich aus der auf ein Alter von 580 bis 600 Millionen Jahre datierten Doushantuo-Formation in der südchinesischen Provinz Guizhou nachweisen. Das Fossil ist nur 0,1–0,2 Millimeter groß, oval, hat einen durchgehenden Verdauungstrakt mit Mund an der einen und einen After an der anderen Seite. Der fossile Winzling wurde *Vernanimalcula* getauft, was soviel wie «Frühlingstierchen» bedeutet, eine Anspielung auf sein Auftauchen kurz nach dem Ende des letzten Schneeballs Erde.

94. Wie entstand unsere Atemluft? Die Uratmosphäre enthielt nur wenig bis gar keinen freien Sauerstoff. Auch wenn es kaum glaublich klingt, war Sauerstoff für das erste Leben auf der Erde giftig. Unkontrolliert und aggressiv hätte er die Bausteine der frühen Lebewesen schlichtweg oxidiert; nicht einmal die Archae-Bakterien hätten dann entstehen können; sie wachsen nicht, wenn sich Sauerstoff in der Luft befindet. Wann genau in der Geschichte der Erde der Sauerstoffgehalt erstmals die heutige Konzentration erreichte ist noch unklar. Sicher ist, daß bereits vor rund 2 Milliarden Jahren der Gehalt so hoch war, daß Eisenmineralien oxidierten. Heute ist der Sauerstoffanteil in unserer Atemluft ziemlich stabil, was an den sich ausgleichenden sauerstoffverbrauchenden Prozessen wie Verwitterung, Atmung und Vulkanismus sowie der sauerstoffproduzierenden Photosynthese der Pflanzen liegt.

Die gefundenen Eisenmineralien geben Auskunft über den wechselnden Sauerstoffgehalt in der Urzeit. Je nach Anteil bildeten sich Sedimente, in denen sich rostrote Schichten mit oxidiertem Eisen in Form von Magnetit oder Hämatit mit dunklen Schichten mit Silikaten (Siliziumverbindungen) abwechseln. Dazwischen befinden sich gelbliche Lagen mit eisenhaltigen Mineralien wie Limonit. Betrachten lassen sich die resultierenden sogenannten BIFs (Banded Iron Formation) zum Beispiel im Stadtgebiet von Johannesburg in Südafrika. Die meisten dieser Eisenerze, die sich wie Bänder durch das Sediment ziehen, wurden vor 2,5–1,8 Milliarden Jahren abgelagert. Danach war das meiste gelöste Eisen ausgefällt. Seit 2,2 Milliarden Jahren findet sich oxidiertes Eisen auch an Land: Die rote Farbe der Gesteinsschichten der «Red Beds», die seit dieser Zeit vorkommen, belegt, daß freier Sauerstoff in der Atmosphäre vorhanden war.

Doch wie bildete sich unsere sauerstoffreiche Atemluft? Der Sauerstoff wurde durch die Photosynthese der Cyanobakterien erzeugt. Bei der Photosynthese werden Kohlendioxid und Wasser in Glucose und Sauerstoff umgewandelt, der freigesetzte Sauerstoff stammt aber genau betrachtet aus dem Wasser: Der Sauerstoff entsteht in der so genannten «Lichtreaktion» aus der Spaltung von Wasser; das Kohlendioxid wird während der «Dunkelreaktion» an ein organisches Molekül gebunden und bildet so nach ein paar Umwandlungsreaktionen den Zucker Glucose.

Fossile Belege für die Sauerstoffproduktion in Form der Stromatolithen sind 3,5 Milliarden Jahre alt; freier, atmosphärischer Sauerstoff war aber erst vor 2 Milliarden Jahren vorhanden. Dazwischen liegen immerhin 1,5 Milliarden Jahre – eine lange Zeit. Doch bedenkt man, daß der Sauerstoff, bevor er sich in der Atmosphäre anreichern konnte, Erze und Gesteine oxidierte, wird deutlich, warum dieser Prozeß so lange dauerte. Erst als alle mineralischen «Sauerstoffspeicher» aufgefüllt waren und dem Sauerstoff keine Reaktionspartner mehr zur Verfügung standen, konnte die Atmosphäre angereichert werden.

Bis vor ungefähr 1,4 Milliarden Jahre waren ausschließlich Bakterien Sauerstoffproduzenten, danach tauchen die ersten Eukaryonten

(Zellen mit Zellkern) und damit auch einzellige Algen auf. Die ersten bekannten Eukaryonten stammen aus der Zeit vor 1,4 Milliarden Jahren. Auch wenn wir heute ohne Sauerstoff nicht mehr überleben könnten, führte also einst der urzeitliche Sauerstoffanstieg in der Atmosphäre zu einer der ersten Krisen des Lebens. Andererseits entstand die Ozonschicht, die seitdem das Leben auf der Erde vor der UV-Strahlung der Sonne schützt.

ARCHAIKUM (vor ca. 3800 bis ca. 2500 Millionen Jahren vor heute): Der Beginn des Lebens

95. Was geschah im Archaikum? Das Archaikum bildet das Zeitalter des ersten Lebens auf der Erde. Damals enthielt die Atmosphäre nur wenig bis gar keinen Sauerstoff. In rauhen Mengen vorhanden waren hingegen Methan, Ammoniak, Schwefelwasserstoff, Stickstoff, Kohlenmonoxid, Kohlendioxid und Wasserdampf – Überreste von Vulkanausbrüchen. Heute vermutet man, daß es zu dieser Zeit wahrscheinlich noch keine schützende Ozonschicht gab und die von der Sonne abgestrahlte UV-Strahlung ungehindert die Erde erreichte. Der einzige sichere Ort für Lebewesen war in dieser Zeit das Wasser, denn dort konnte die UV-Strahlung nicht bis in die Tiefen der Meere vordringen. Erst gegen Ende des Archaikums bildete sich durch die Entstehung von atmosphärischem Sauerstoff die Ozonschicht. Wasserdampf und Kohlendioxid taten ein übriges und wirkten als Treibhausgase mit bei dem Prozeß und sorgten so für hohe Temperaturen. Übrigens werden die heutigen Bedingungen auf der Venus von Planetenforschern oftmals mit denen der Urerde im Archaikum verglichen. Das erste Leben im Archaikum jedenfalls entstand mit dem Aufkommen der Zellen mit Zellkern, den Eukaryonten.

Jede Zelle eines mehrzelligen Lebewesens trägt heutzutage einen Zellkern, doch es gibt auch einzellige Lebewesen mit Zellkern. In Zellen enthalten sind kleine Kraftwerke, die Mitochondrien. Bei einer Pflanzenzelle sind darin sogar regelrechte Photosynthese-Fabriken, die Chloroplasten enthalten. Zellen ohne Zellkerne, die sogenannten Prokaryonten, treten bei Bakterien und den Urbakterien auf. Mitochondrien und Chloroplasten verfügen über eine verblüffende Ähnlichkeit mit Bakterien und besitzen sogar eine eigene DNA als Erbmaterial. Ausgehend von dieser Erkenntnis stellte Lynn Margulies die sogenannte Endosymbionten-Hypothese auf: Vorfahren der Eukaryonten fraßen Prokaryonten wie beispielsweise Blaualgen (Cyanobakterien) auf, indem sie diese mit ihrer Zellmembran umflossen. Dieser Vorgang ist nicht ungewöhnlich, heute üben diesen als Phagocytose bekannten Vorgang alle eukaryontischen Einzeller und die Freßzellen in unserem Immunsystem aus. Die so umflossenen Bakterien wurden aber nicht verdaut, sondern lebten im Inneren der Zelle weiter und belieferten ihren Wirt mit Energie (Mitochondrien) oder Nährstoffen (Chloroplasten). Die aufgenommenen Zellen hatten dabei den Vorteil, daß die größeren Eukaryonten nicht gefressen wurden und daher auch das eigene Überleben gesichert war. Die Umhüllung der eigenen DNS durch eine Membran zum Schutz vor den Abfallprodukten der Eindringlinge ließ dann den Zellkern entstehen.

96. Was sind Stromatolithen? Fußballgroß und eine Struktur wie Blätterteig: so sehen Stromatolithen, in Lagen geschichtete Steine aus dem Archaikum, aus. Die knolligen Steinformationen sind Kalksteinablagerungen von Cyanobakterien, sogenannten Blaualgen. Diese deutsche Bezeichnung ist allerdings irreführend: Zwar können diese Lebewesen wie Algen Photosynthese betreiben, doch sind sie keine Eukaryonten, sondern – wie Bakterien – Prokaryonten, da ihre Zellen kernlos sind. Die Cyanobakterien bleiben nach ihrer Teilung aneinander hängen und bilden Fäden, die sich zu Matten verkleben. Sie fangen Sedimentpartikel ein, die im Wasser treiben und halten sie quasi fest – so fest, daß sich eine Sedimentschicht bildet. Die Bakterien wachsen durch die neu entstandene Schicht hindurch und bilden an ihrer Oberfläche erneut eine Matte, die wiederum Sediment einfängt. Nach mehreren Wachstumszyklen entsteht so ein massives Gebilde, wie beispielsweise die älteste bislang gefundene Stromatolithenformation aus der Warrawoona-Serie Westaustraliens. Diese auf ein Alter von 3,5 Milliarden Jahre datierten Gesteine sind die ältesten gesicherten fossilen Nachweise von Leben auf der Erde.

Für die Wissenschaft sind Stromatolithen deshalb so gut zu deuten, weil es bis heute noch Stromatolithen-Bauer gibt. Die Shark Bay vor Westaustralien und die darin vorhandenen Stromatolithen bieten den aktualistischen Vergleich zwischen den rezenten – heutigen – und den fossilen Gesteinsformen, die von Cyanobakterien gebildet

Abb. 29 Bauliche Meisterleistung: Zu einer Zeit, als Blaualgen (Cyanobakterien) und Bakterien die einzigen Organismen auf der Erde waren, bedeckten Stromatolithen den Meeresboden. Im Archaikum treten Stromatolithen oft gesteinsbildend auf, weil sie in vielen Wachstumszyklen schichtweise Sedimentpartikel einbanden, wodurch die sogenannten Blaualgen-Matten zu festen Bauwerken heranwuchsen.

werden. Heutige Stromatolithenbildner vertragen sogar Süß- oder Brackwasser. Vermutlich galt das auch für ihre fossilen Verwandten. Ihre fossile Blütezeit erlebten die Stromatolithen im Präkambrium und zu Anfang des Paläozoikum. Später verhinderten vermutlich größere Tiere, die die Bakterienmatten abweideten, die Bildung größerer Gesteinsknollen.

97. Wozu sind Bakterien gut? Bakterien, das sind Krankheitserreger, die überall lauern könnten: in der U-Bahn, an der Fernbedienung oder am eigenen Kind. Derartige Bakterien stellen jedoch nur einen Bruchteil dessen dar, was sich als ungeheure Vielfalt von Bakterien wissenschaftlich beschreiben läßt. Die ältesten Lebewesen der Welt arbeiten durchaus verdienstvoll in unseren Därmen oder auf unserer Haut und halten so schädliche Eindringlinge in Schach. Bakterien untergliedert man in zwei Gruppen, in die «normalen» Bakterien (Eubakterien) und die Urbakterien (Archaebakterien). Letztere sind zumeist dort zu finden, wo kein Leben möglich scheint, sie leben in Extremen. So hängt beispielsweise ein Ökosystem in der Tiefsee von der Aktivität der Schwefelbakterien ab, die den Schwefelwasserstoff aus den sogenannten schwarzen Rauchern zu elementarem Schwefel umsetzen und dabei Biomasse aufbauen. Einige Tiefseetiere wie der Borstenwurm *Riftia pachyptila* «züchten» diese Bakterien in einem eigens dafür entwickelten Organ, dem Trophosom. Haben sie Hunger, greifen diese Tiere einfach auf ihren Bakterienvorrat zurück, verdauen die Tierchen und warten, bis sie wieder hungrig werden. Diese Tiefseeökosysteme sind bislang die einzigen bekannten, die unabhängig vom Sonnenlicht existieren können.

Beide Bakterienformen faßt man als zellkernlose Prokaryonten («vor dem Zellkern»), die sehr viel kleiner sind als ihre Antagonisten, die Eukaryonten, zusammen. Auch wenn Prokaryonten keinen Zellkern aufweisen, verfügen sie doch über eine Zellwand, einfache Geißeln und ein enormes Spektrum von Stoffwechselformen, die je nach Anforderung entweder mit oder ohne Sauerstoff, Sonnenlicht oder Schwefelwasserstoff arbeiten und beispielsweise in Ökosystemen die wichtige Aufgabe übernehmen, komplexe organische Verbindungen abzubauen. Aus diesem Verwesungsvorgang gewinnen diese Bakterien ihre Energie zum Leben.

Fossile Spuren der Urzeitwinzlinge wurden zwar beschrieben, aber der Nachweis steht aus, daß es sich hierbei wirklich um Bakterien handelt; bei einem Durchmesser von 500 Nanometern auch keine leichte Aufgabe. Selbst die NASA ist bei der Untersuchung mutmaßlicher Bakterienreste auf einem Marsmeteoriten daran gescheitert. Indirekt versucht man die Aktivitäten von Bakterien durch Isotopenmessung festzustellen, da es beim Stoffwechsel von Organismen eher zum Einbau von normalem (12 C) als von schwerem (13 C) Kohlenstoff kommt. In den Isua-Felsen Grönlands, einer Gesteinsformation, die vor ungefähr 3,75 Milliarden Jahren im flachen Wasser abgelagert wurde, konnte man einen relativ hohen Anteil von normalem Kohlenstoff nachweisen. Die in den Felsen enthaltenen Kohlenstoffreste sind damit vielleicht die ältesten Spuren von Leben auf der Erde. Auch wenn sich darüber die Fachwelt noch nicht einig ist, scheint zumindest der Zeitraum des ersten Lebens – 250 Millionen Jahre später – bei um 3,5 Milliarden Jahren vor unserer Zeit festzustehen; das beweisen zumindest die Stromatolithenfelsen, jene ältesten Überreste photosynthetisch aktiver Bakterien.

98. Wie entsteht Leben? Bislang gibt es leider keine zufriedenstellende Antwort auf diese Frage. Klar ist, daß Acetylen und Cyanwasserstoff eine wichtige Rolle gespielt haben, denn sie können zusammen mit Wasser die Grundbausteine des Lebens wie die DNA-Base Adenin oder einige Aminosäuren bilden. Daß diese beiden Grundstoffe des Lebens bereits zu Urzeiten vorhanden waren, haben Astronomen kürzlich herausgefunden: Acetylen und Cyanwasserstoff wurden als Gase in der Nähe eines jungen Sternes im Sternbild des Schlangenträgers, 375 Lichtjahre von der Sonne entfernt, entdeckt.

Die Frage danach, woraus erste Lebewesen entstehen konnten, wenn Leben aus organischer Substanz bestand, diese Substanz aber wiederum nur durch Leben hervorzubringen war, klingt fast wie das Gleichnis von Henne und Ei. Gelöst wurde dieses Rätsel durch die Synthetisierung von Harnstoff im Labor von Friedrich Wöhler im Jahr 1828. Er wies erstmals nach, daß organische Substanzen auch ohne Lebewesen entstehen können. Ein erster Schritt war getan.

Einen zweiten Schritt unternahm der russische Biochemiker Alexander Oparin, der beobachtete, daß ein Fettfilm in aufgewühltem Wasser kleine zellenähnliche Tröpfchen, sogenannte Micellen, bildete. Fett besteht aus einem kleinen wasserlöslichen und einem großen wasserabstoßenden Teil. Wenn Fett an der Oberfläche schwimmt, dann ist der wasserlösliche Teil des Fettmoleküls unter Wasser, der andere Teil ragt wie die Zacken einer Gabel aus dem Wasser heraus. Wenn das Fett unter Wasser gedrückt wird, bilden sich Tröpfchen mit zwei dünnen Fettschichten: Die äußere der beiden zeigt mit der wasserlöslichen Seite nach außen, die Wasser abweisenden Zacken zeigen nach innen in die Micelle, wo sich ebenfalls Wasser und andere Substanzen wie Ammoniak oder Aminosäuren befinden. So stehen also die inneren Zacken den Zacken der äußeren Schicht gegenüber.

Die entscheidende Abgrenzung aller heutigen Zellen in Organismen besteht also – egal ob bei einer Bakterie oder einem Walfisch – aus einem doppelten Fettfilm. Mit dieser Erkenntnis war eine Erklärung für die Entstehung der Zellmembran gefunden. Ein wichtiger Schritt, denn immerhin spielen sich alle wichtigen Lebensfunktionen wie beispielsweise die Herstellung von Energie bei der Photosynthese an Membranen ab.

Kurz nach der Übersetzung Oparins revolutionärer Ergebnisse aus dem Russischen fand 1953 ein erstes Ursuppenexperiment statt: Durch ein Gemisch aus Methan, Ammoniak und Wasserstoff in Wasser wurden Blitze geleitet. Die elektrischen Entladungen hinterließen im Reaktionskolben eine braune Schmiere, die organische Moleküle enthielt, darunter auch Aminosäuren, die Bausteine der Eiweiße.

Weitere Experimente zeigten im Laufe der Zeit, daß unter Einsatz von anderen Energiequellen wie beispielsweise der UV-Strahlung sogar komplexere Moleküle entstehen konnten: Bausteine der Erbsubstanz DNA. Auch wenn bislang noch unklar ist, wie aus diesen Bausteinen Leben entstand, so war allein die Erkenntnis, daß die Bausteine für das Leben auf der Urerde überhaupt entstehen konnten, revolutionär. Hilfreich bei der Entstehung von Leben waren sogenannte Alleskönner-Moleküle, die mit verschiedenen Reaktionspartnern unterschiedliche Ergebnisse produzieren konnten. Die Entwicklung von den ersten organischen Molekülen hin zu den ersten Zellen bezeichnet man in der Wissenschaft als Chemo-Evolution.

KATARCHAIKUM (vor ca. 4600 bis ca. 3800 Millionen Jahren vor heute): Kontinente ohne Leben

99. Wie entstanden Wasser und Gesteine? Wasser bildete den Grundstoff für jedes Leben und Gesteine dienten in der Geschichte des Menschen als erster Werkstoff zur Herstellung von Werkzeugen. Doch erst vor 4,6 Milliarden Jahren, als die Erdurzeit, das Katarchaikum, einsetzte, entstanden die Grundstoffe für ein Erdenleben. Meteoriteneinschläge ließen die Temperatur der jungen Erde ansteigen und durch zunehmende Massenverdichtung kletterten die Temperaturen auf 1000 Grad im Erdinneren. Durch den radioaktiven Zerfall im Erdkern verdoppelte sich die Temperatur nochmals, was zur Folge hatte, daß Eisen anfing zu schmelzen und Tropfen bildete, die aufgrund ihrer Schwere ins Innere der Erde sanken. Erst dieser dadurch entstandene Eisen-Nickel-Kern machte die Erde zu dem, was sie heute ist – einem Planeten mit einem Magnetfeld, das die elektromagnetische Strahlung der Sonne abhält. Insgesamt sank ca. ein Drittel der gesamten Erdmaterie ins Zentrum und bildete fortan den Kern unseres damals noch leblosen Planeten. Bereits wenige Millionen Jahre nach der Entstehung der Erde änderte sich die Zusammensetzung durch Differentiation, der Trennung von leichten und schweren Elementen: die Erdkruste entstand, die aus 6 Prozent Eisen besteht; die gesamte Erde jedoch hat einen Anteil von etwa 35 Prozent Eisen. Silizium dagegen, ein Element, das für die Gesteinsbildung notwendig war, macht nur 15 Prozent im Anteil der Gesamterde aus, ist aber mit ca. 28 Prozent sehr häufig in der Erdkruste vertreten. Die Kerngebiete für die bald entstehenden Kontinente bildeten sich durch aufsteigende Lava, die erstarrte, wieder schmolz und erneut härtete. Als älteste zuverlässig datierbare Gesteine gelten die Metamorphite, Umwandlungsgesteine, die aus Sedimenten durch Einwirkung hoher Drücke und Temperatur entstanden. Reste dieser Ursteine finden sich an der Südspitze Grönlands und sind 3,8 bis 4 Milliarden Jahre alt.

Aber auch Wasser brauchte seine Zeit, bis es das war, was wir heute als Wasser bezeichnen: Nach der Abkühlung der Temperaturen im Universum mischten sich leichte Gase wie Wasserstoff, Helium, Methan, Kohlendioxid und Stickstoff zur Uratmosphäre. Wasser wurde damals aus dem heißen Erdinneren in Form von Wasserdampf regelrecht ausgeschwitzt. Der gasförmige Wasserdampf kühlte ab und kondensierte an Gesteinen und Partikeln in der Atmosphäre. Doch dabei blieb es nicht: Regenfälle setzten ein, die die Urozeane über die Jahrtausende von Regen hinweg mit Wasser füllten. Zumindest ist das die eine Theorie. Eine andere Hypothese geht davon aus, daß das erste Wasser der Ozeane aus Kometeneis stammte. Wie auch immer die Weltenmeere gefüllt wurden, so setzte in jedem Fall mit ihnen der Kreislauf der Gesteine ein, der nur angeregt werden konnte, indem Regen fiel, die Ozeane füllte, Mineralien auswusch und erste Erosionen bedingte; diese wiederum hatten zur Folge, daß sich Sedimente bildeten, diese sich umwandelten und erstmals Gebirge entstanden.

VOR DER URZEIT

100. Was geschah vor der Urzeit? Große Fragezeichen leuchten in unserem Bewußtsein beim Nachdenken über die Zeit vor der Urzeit auf, also vor jener Zeit, als es «peng» machte und die Elemente Wasserstoff, Helium und geringe Mengen Lithium entstanden. In den ersten Sternen verschmolz Wasserstoff zu Helium, wie es auch heute noch in der Sonne geschieht. Die Heliumkerne wiederum verschmolzen miteinander, so daß die schwereren, für unser Leben wichtigen Elemente Kohlenstoff, Sauerstoff, Eisen oder Stickstoff entstehen konnten. Schwerere Elemente wie Gold oder Uran können nur bei großen Sternen mit vergleichsweise großen Kernen entstehen; unsere Sonne ist dafür einfach zu klein.

Kurz vor ihrem finalen Ableben passierte mit den ersten Sternen etwas Unglaubliches: Sie explodierten und schleuderten so die dabei neu entstandenen Elemente als Gas- und Staubwolken ins All. Solch ein Ereignis nennt man in der Astronomie eine Supernova – eine gigantische Neuigkeit, die das plötzliche Aufleuchten eines sterbenden Sterns meint. Während eines solchen Ereignisses kann sich die Leuchtkraft auf das Milliardenfache des alten Sterns vergrößern. Prinzipiell unterscheidet man zwei Typen von Supernova-Explosionen: Ein ausgebrannter Sternenrest wächst, indem er «frisches» Brennmaterial von einem nahen Begleiter aufsaugt. Hat er genug Material aufgenommen, können im Inneren des Sterns wieder Fusionsprozesse beginnen, die allerdings so energiereich sind, daß es zur Explosion kommt. Eine zweite Möglichkeit für die Entstehung einer Supernova ist die oben beschriebene: Ein sehr massereicher Stern erschöpft seinen Vorrat an Brennmaterial, die eigene Schwerkraft gewinnt die Oberhand und er fällt in sich zusammen und setzt Energie frei. Die freigesetzten Staub- und Gasmassen verdichten sich und rotieren dabei um sich selbst. Je stärker sie sich dabei verdichten, umso schneller wird die Rotation, wie bei einer Eiskunstläuferin, die eine Pirouette dreht. Unter dieser Drehung flachen die freigesetzten Staubmassen zu einer Art Scheibe ab, in deren Mitte sich eine Protosonne bildet.

Eine solche Sonne entstand, nachdem der Urstaub oder Urnebel im Zentrum soweit komprimiert war, daß Wasserstoffatome miteinander fusionierten; im Astrophysik-Fachjargon wird der Zeitpunkt, an dem die Fusion beginnt, das «Zünden» des Sterns genannt. Die

Gas- und Staubscheibe, in der die Bildung der anderen Körper unseres Sonnensystems nun einsetzte, war über ihre gesamte Ausdehnung hinweg heterogen zusammengesetzt. Temperatur und Druck nahmen mit zunehmender Distanz von der Protosonne ab, heftige Sonnenwinde wirbelten die leichten Elemente Wasserstoff und Helium aus der näheren Umgebung der Protosonne, ein Grund, warum in den später erdähnlichen, sonnennahen Planeten Merkur, Venus, Erde, Mars und ihren Monden sowie in den Asteroiden äußerst geringe Anteile dieser leichten Elemente zu finden sind. Dagegen bestehen die entfernten Gasplaneten Saturn, Jupiter, Uranus und Neptun zu einem Großteil aus Wasserstoff und Helium.

Mit der Abkühlung der Gas- und Staubscheibe entstanden kleine Gesteinskörnchen wie Metalle, Silikate und Oxide, die sich zu immer größeren Gesteinsbrocken verbanden, miteinander kollidierten und sich wieder miteinander verbanden, und zu den sogenannten Planetesimalen (Protoplaneten) wurden. Damit waren vor über 9 Milliarden Jahren die Vorläufer und Bausteine von Planeten entstanden. Nachdem das Material der Gas- und Staubscheibe aufgebraucht war, wechselte die Protosonne in ihre stabile Phase der Wasserstoff-Fusion – eine Revolution in der Entwicklung unseres Sonnensystems, denn aus der Protosonne wurde die ruhig strahlende Sonne, die wir heute kennen.

101. Wie laut war der Urknall? Die Theorie vom «big bang», mit der man die explosionsartige Expansion des Universums vor ca. 14 Milliarden Jahren beschreibt, ist das heute allgemein anerkannte Standard-Modell der Astrophysik und der Kosmologie. Die geschichtsträchtige Explosion, die eigentlich gar keine war, da eine Explosion immer nur zu einer bestimmten Zeit und an einem bestimmten Ort stattfinden kann, wurde ausgelöst durch eine Zustandsänderung: Das damals noch winzig kleine Universum mit einer unendlich hohen Konzentration an Energie dehnte sich schlagartig aus, so daß es innerhalb der ersten Sekunde zu einer Temperaturabkühlung kam, die bislang einzigartig ist, denn von dem Temperaturzustand «unendlich heiß» kühlte das Universum auf «nur» 10 Milliarden Grad ab. Aus jeweils einem Proton und einem Elektron entstand erstmals Wasserstoff, das einfachste aller chemischen Elemente und gleichzeitig das häufigste im Universum. Die Entstehung von Helium und von geringen Mengen Lithium ließ nicht lange auf sich warten. Die Mengenverhältnisse Wasserstoff zu Helium betrugen ca. 3:1, an anderen Stellen war jedoch mehr Wasserstoff im Verhältnis zu Helium vorhanden. Die Masse dieser in unregelmäßigen Verhältnissen zueinander stehenden Gase zog weitere Gase an, die sich verdichteten. Im Inneren dieser Gaskugeln waren sich die Wasserstoffkerne so nahe, daß sie zu Heliumkernen verschmolzen und Masse in Energie umsetzten, was die ersten Sterne aufleuchten ließ.

Beweisen läßt sich die Urknalltheorie durch die Bobachtung von Galaxien. Bereits 1929 entdeckte Edwin Powell Hubble, nach dem das bekannte Weltraumteleskop benannt wurde, daß Galaxien mit wachsender Entfernung eine zunehmende Rotverschiebung in den Spektrallinien zeigen (Dopplereffekt). Er schloß aus dieser Beobachtung, daß sich die von ihm beobachteten Galaxien alle voneinander und ebenso von seinem Beobachtungspunkt, der Milchstraße, entfernen. Im Umkehrschluß mußte dies bedeuten, daß sich die Galaxien – könnte man ihre früheren Entwicklungsstadien betrachten – einander um so näher benachbart wären, je weiter man in die Vergangenheit reiste. Könnten wir die Zeit anhalten und rückwärts laufen lassen, so müßte es also einen Punkt geben, in dem einst alle Materie und aller Raum vereinigt wäre; Temperatur und Dichte würden sich weiter erhöhen, bis an diesem Punkt von unendlicher Temperatur und Dichte die gesamte Materie des Kosmos im Urknall vereint wäre.

Hubble fand auch heraus, daß sich eine Galaxie um so schneller von uns fortbewegt, um so weiter sie entfernt ist. Diese frühen Beobachtungen Hubbles lassen sich mit der 1965 entdeckten «3 K-Hintergrundstrahlung» und mit der Urknall-Theorie bestens in Einklang bringen. Ein bißchen was vom Urknall ist übrigens in unseren Fernsehern zu beobachten. Stellt man einen Kanal ohne Sender ein, sieht man Schneegeriesel. Ungefähr ein Prozent dieses Rauschens und Flimmerns der Mattscheibe ist verursacht durch heute noch vorhandene kosmische Mikrowellenstrahlung aus der Zeit der Geburt des Universums. Sie ist überall im Universum fast gleich und ein Überrest der extremen Temperaturen während des Urknalls.